Der asynchrone Einankerumformer

(Frequenzumformer)

Dissertation

zur

Erlangung der Würde eines Doktor-Ingenieurs

vorgelegt von

Dipl.-Ing. **Walter Seiz**

aus Karlsruhe

Genehmigt
von der Großherzoglich Technischen Hochschule
Fridericiana zu Karlsruhe

Referent: Professor R. Richter
Korreferent: Professor Dr.-Ing. H. S. Hallo

Tag der mündlichen Prüfung: 18. Mai 1914

Springer-Verlag Berlin Heidelberg GmbH

1914

ISBN 978-3-662-24347-3 ISBN 978-3-662-26464-5 (eBook)
DOI 10.1007/978-3-662-26464-5

Vorliegende Arbeit gelangt auch in Band III der „Arbeiten aus dem Elektrotechnischen Institut der Großherzoglich Technischen Hochschule Fridericiana zu Karlsruhe“ zum Abdruck.

Inhaltsverzeichnis.

Der asynchrone Einankerumformer.
(Frequenzumformer.)

I. Teil.
Die Eigenschaften des Frequenzumformers.

1. Der Kommutator als Frequenzwandler.

Der Gleichstromwicklung eines Ankers, der zunächst im Raum ruhend gedacht sei, werde über Schleifringe an 3 um 120 elektrische Grade voneinander entfernten Punkten Dreiphasenstrom zugeführt. Es entsteht ein magnetisches Feld, das relativ zur Ankerwicklung mit n_1 Umdrehungen in der Minute rotiert. Bedeutet c_1 die Frequenz des zugeführten Stromes und $2p$ die Polzahl der Wicklung, so ist

$$n_1 = \frac{60 c_1}{p}.$$

Wenn die Wicklung selbst mit n_r Umdrehungen in der Minute rotiert, so wandern die Zuführungspunkte des Stromes mit ihr, die relative Drehzahl des Feldes gegen den Rotor bleibt also die gleiche wie bisher. Die Drehzahl n_2 des Feldes im Raum ist demnach gegeben durch

$$n_2 = n_1 + n_r \quad \text{. . . . .} \quad (1)$$

Gl. 1 gilt allgemein, unabhängig vom Drehsinn des Feldes und des Rotors, wenn wir den Sinn jeder Rotation durch Vorzeichen festlegen. Eine Drehzahl sei positiv, wenn die Rotation, von der Schleifringseite aus gesehen, im Uhrzeigersinn verläuft, sonst negativ. Das gleiche gilt für die zugehörige Winkelgeschwindigkeit und bei der vorliegenden Untersuchung auch für die Frequenz, da zwischen der Frequenz c und der Drehzahl n die Beziehung besteht:

$$c = \frac{p n}{60}.$$

Es tritt demnach in den folgenden Abhandlungen auch die Frequenz eines Mehrphasenstromes mit positivem oder negativem Vorzeichen auf, je nach dem Drehsinn, in dem das vom Strom erregte Feld rotiert.

Die Wicklung sei ferner an einen Kommutator angeschlossen. Fließt ihr ein Dreiphasenstrom von der Frequenz c_2 über diesen, statt über die Schleifringe, zu, so bewirkt der Kommutator, daß der Strom der Wicklung stets an den gleichen Stellen[1]) im Raum zugeführt wird, unabhängig von der Lage des Rotors; es ist also auch die Drehzahl n_2 des Feldes im Raum unabhängig von der Drehzahl n_r des Rotors. Es ist

$$n_2 = \frac{60 c_2}{p}.$$

Die relative Drehzahl n_1 des Feldes gegenüber der Wicklung folgt aus Gl. 1. Es ist

$$n_1 = n_2 - n_r \quad . \quad . \quad . \quad . \quad . \quad . \quad . \quad . \quad . \quad (2)$$

Bei der Bewegung des Feldes gegenüber der Wicklung werden in ihr EMKe induziert, deren Frequenz c_1 nur von der relativen Drehzahl n_1 des Feldes gegen den Rotor abhängt. Es ist

$$c_1 = \frac{p n_1}{60}.$$

Die gleiche Frequenz hat die zwischen den Schleifringen bestehende Spannung. Die der Spannung zwischen den Bürsten des Kommutators entsprechende EMK wird dagegen in einem Wicklungsabschnitt induziert, der trotz der Rotation des Rotors stets die gleiche Lage im Raum einnimmt. Die Frequenz c_2 der Spannung am Kommutator wird demnach bestimmt durch die relative Drehzahl des Feldes gegenüber dieser festliegenden Wicklung, d. h. durch die Drehzahl n_2 des Feldes im Raum.

Rotiert also in einem magnetischen Drehfeld eine Wicklung, die an Schleifringe und an einen Kommutator angeschlossen ist, so können ihr gleichzeitig 2 Spannungen verschiedener Frequenz entnommen werden. Die gleiche Maschine kann aber auch, in ihrer Anwendung als „asynchroner Einankerumformer“ oder „Frequenzumformer“ dazu dienen, um eine Spannung gegebener Frequenz in eine solche anderer Frequenz zu transformieren.

Die Anordnung der Maschine zeigt Fig. 1a. *R* ist der rotierende Teil, der wie der Anker eines synchronen Einankerumformers ausgebildet ist; er ist von einem ruhenden Eisenring *S* umgeben, da-

---

[1]) Wir lassen dabei die Schwankungen infolge der endlichen Lamellenzahl unberücksichtigt.

mit der aus dem Anker austretende Induktionsfluß einen Weg von kleinem Widerstand findet. Wir setzen für die folgenden Betrachtungen des 1. Teils eine 2polige Maschine voraus. Die Schleifringe $s_1 s_2 s_3$, die zu 3 um je 120^0 voneinander entfernten Punkten der Wicklung führen, werden gespeist von einem Dreiphasennetz mit der Frequenz c_1. Die auf dem Kommutator schleifenden Bürsten $b_1 b_2 b_3$, die ebenfalls um je 120^0 voneinander entfernt sind, seien zunächst offen. Der Rotor werde mit n_r Umdrehungen in der Minute angetrieben, die Frequenz der Rotation ist

$$c_r = \frac{n_r}{60}.$$

Über die Schleifringe fließt dem Rotor ein Strom zu, der Magnetisierungsstrom, dessen Größe dadurch bestimmt ist, daß das von ihm erregte Drehfeld zwischen den Schleifringen EMKe induziert, die

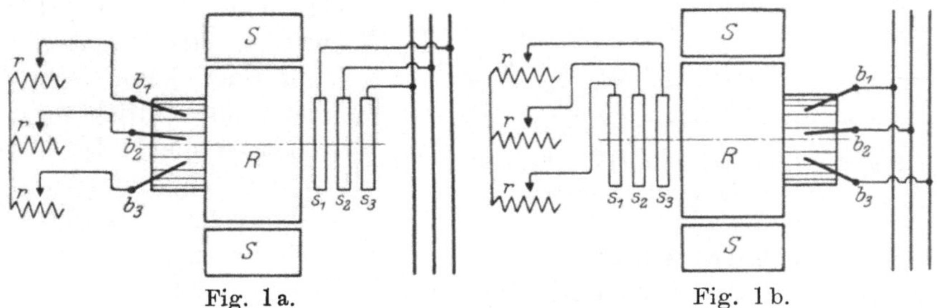

Fig. 1a. Fig. 1b.

Frequenzumformer.

in jedem Augenblick der angelegten Spannung entgegengesetzt gleich sind. Der Magnetisierungsstrom hat die Frequenz c_1 der aufgedrückten Spannung. Den Spannungsabfall im Umformer vernachlässigen wir vorläufig. Das mit der Drehzahl $n_1 = 60\,c_1$ relativ zum Rotor umlaufende Feld induziert zwischen den Bürsten des Kommutators EMKe der Frequenz c_2. Berücksichtigen wir die auf S. 1 getroffene Definition über das Vorzeichen der Frequenzen, so gilt allgemein

$$c_2 = c_1 + c_r \quad \ldots\ldots\ldots \quad (3)$$

In dem speziellen Fall, da $c_2 = 0$, also der Momentanwert der Spannung auf der Kommutatorseite konstant ist, geht der Frequenzumformer in den normalen (synchronen) Einankerumformer über, dem über 3 Bürsten ein System von Gleichströmen entnommen wird, deren Summe Null ist. Ein Unterschied zwischen beiden Maschinen ist durch die Form des Statoreisens gegeben. Beim synchronen Einankerumformer steht das Feld im Raume still, seine Drehzahl muß $n_r = -n_1$ sein. Dies wird dadurch erzwungen, daß durch die Formgebung oder Bewicklung des Statoreisens eine Richtung vor den andern ausgezeichnet wird. Beim Frequenzumformer dagegen rotiert das Feld im Raum, entsprechend der Frequenz der am Kommutator bestehenden Spannung. Das Feld muß in allen Achsen möglichst den gleichen Widerstand finden, der Stator besitzt demnach stets verteiltes Feldeisen. Ordnet man auch hier auf dem Stator eine Wicklung an, die von der Kommutatorspannung gespeist wird, so kann man wieder eine bestimmte Drehzahl des Umformers erzwingen (vgl. S. 87). Vorläufig beschränken wir uns aber auf den Fall, daß der Stator keine Wicklung trägt. Dann hat er keine Möglichkeit, auf die Drehzahl des Feldes einzuwirken; die Drehzahl des Rotors, die die gewünschte Frequenz der Spannung zwischen den Kommutatorbürsten ergibt, muß also durch eine äußere Ursache erzwungen werden, der Frequenzumformer kann nicht frei (ohne Antrieb von außen) laufen. Da in diesem Falle der Stator nur den Zweck hat, den magnetischen Widerstand zu verkleinern, kann man ihn ganz weglassen, wenn man nach Fig. 2 die Wicklung so tief im Rotoreisen einbettet, daß sich der Induktionsfluß im Rotoreisen schließen kann. Doch hat diese Anordnung den Nachteil, daß die Oberfelder sehr groß werden (vgl. S. 22).

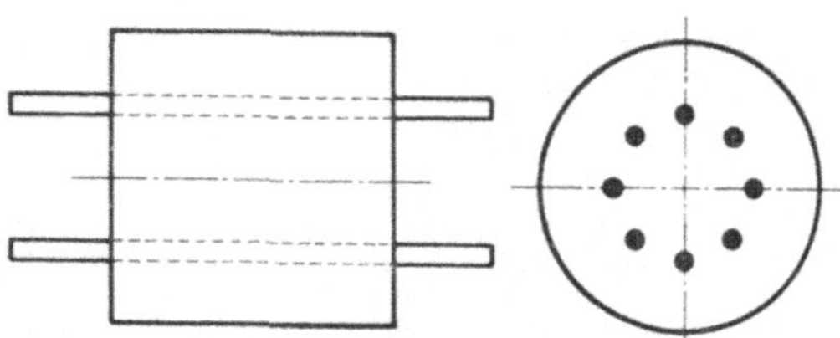

Fig. 2. Lage der Rotorstäbe beim statorlosen Frequenzumformer.

In der Anordnung der Fig. 1a haben die zwischen den Schleifringen und die zwischen den Bürsten des Kommutators bestehenden Spannungen, künftig kurz als „Schleifringspannungen“ und „Kommutatorspannungen“ bezeichnet, verschiedene Frequenz. Trotzdem haben sie gleichen Maximal- und Effektivwert. Denn zwischen 2 Bürsten des Kommutators liegt die gleiche Zahl von Windungen bei gleichem Wicklungsfaktor wie zwischen 2 Schleifringen. Die Momentanwerte der beiden Spannungen sind dagegen im allgemeinen voneinander verschieden, sie sind nur in dem Augenblick einander gleich, in dem die zu den Schleifringen führenden Anzapfungen

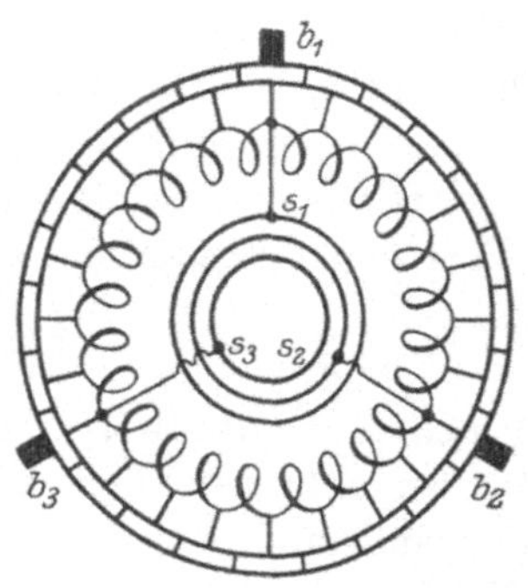

Fig. 3. Lage des Rotors zur Zeit $t = 0$.

gerade unter den Bürsten liegen (Fig. 3). Da der Antrieb des Rotors von außen, unabhängig von der aufgedrückten Spannung, erfolgt, kann der Rotor diese Lage bei jedem Momentanwert der Netzspannung einnehmen. Der Zeitpunkt, in dem er die Lage der Fig. 3 hat, werde mit $t=0$ bezeichnet.

Die Reihenfolge der Anzapfungen $s_1 s_2 s_3$ entspreche der als positiv definierten Drehrichtung. Die positive Richtung aller Spannungen und Ströme in der Wicklung des Rotors sei gleichfalls durch die Richtung $s_1 s_2 s_3$ gegeben. Zur Zeit $t=0$ haben die zwischen den Schleifringen $s_1 s_2$, $s_2 s_3$, $s_3 s_1$ aufgedrückten Spannungen die Werte[1]):

$$\bar{P}\cos\alpha$$

$$\bar{P}\cos\left(\alpha-\frac{2\pi}{3}\right)$$

$$\bar{P}\cos\left(\alpha-\frac{4\pi}{3}\right).$$

α kann jeden beliebigen Wert haben. Bezeichnet ferner $\omega_1=2\pi c_1$ die Kreisfrequenz des Netzes, also auch die Winkelgeschwindigkeit des Drehfeldes relativ zum Rotor, so sind in einem beliebigen Zeitpunkt t die Spannungen gegeben durch

$$\left.\begin{array}{l}\bar{P}\cos(\omega_1 t+\alpha)\\ \bar{P}\cos\left(\omega_1 t+\alpha-\frac{2\pi}{3}\right)\\ \bar{P}\cos\left(\omega_1 t+\alpha-\frac{4\pi}{3}\right)\end{array}\right\} \quad \ldots\ldots \quad (4)$$

Bei positivem ω_1 entsprechen diese Gleichungen einer Rotation des Feldes relativ zum Rotor im positiven Drehsinn, bei negativem ω_1 ist die Drehrichtung die entgegengesetzte.

Die Kommutatorspannungen sind nach Voraussetzung zur Zeit $t=0$ mit den zwischen den Schleifringen vom Drehfeld induzierten EMKen identisch, sie sind also den aufgedrückten Spannungen entgegengesetzt gleich und gegeben durch

$$-\bar{P}\cos\alpha \qquad -\bar{P}\cos\left(\alpha-\frac{2\pi}{3}\right) \qquad -\bar{P}\cos\left(\alpha-\frac{4\pi}{3}\right).$$

[1]) Es bezeichne allgemein bei sinusförmigen Größen ein großer lateinischer Buchstabe mit darübergesetztem Strich den Maximalwert, der gleiche Buchstabe ohne Strich den Effektivwert, ein kleiner lateinischer Buchstabe den Momentanwert. Große deutsche Buchstaben bezeichnen Vektoren.

Die Winkelgeschwindigkeit des Drehfeldes im Raum sei

$$\omega_2 = 2\pi c_2 .$$

Bezeichnet noch $\omega_r = 2\pi c_r$ die Winkelgeschwindigkeit des Rotors, so gilt

$$\omega_2 = \omega_1 + \omega_r \quad \text{. . . . .} \quad (5)$$

Zu einer beliebigen Zeit t haben sich die Anschlußpunkte der Schleifringe gegen die Bürsten um einen Winkel $b_1 O s_1 = \omega_r t$ verschoben (Fig. 4[1]). Das räumlich sinusförmig verteilte Drehfeld, das zwischen den Schleifringen EMKe induziert, die denen der Formelgruppe (4) entgegengesetzt gleich sind, induziert gleichzeitig zwischen den Bürsten EMKe, deren Phasenwinkel um den Winkel $\pi + \omega_r t$ größer sind als die entsprechenden Werte der Formelgruppe (4). Die Spannungen zwischen den Bürsten $b_1 b_2$, $b_2 b_3$, $b_3 b_1$ sind also gegeben durch

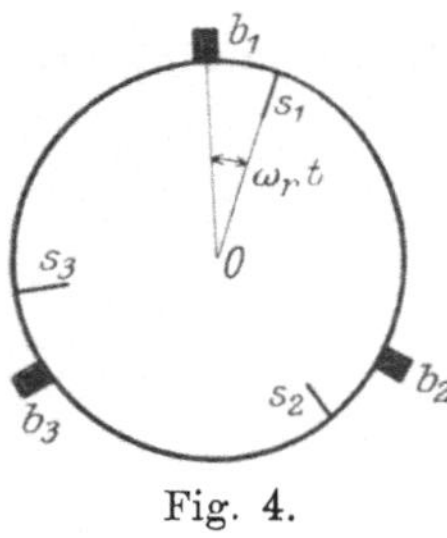

Fig. 4.

$$\left.\begin{aligned}
-\bar{P}\cos(\omega_1 t + \alpha + \omega_r t) &= -\bar{P}\cos(\omega_2 t + \alpha) \\
-\bar{P}\cos\left(\omega_1 t + \alpha + \omega_r t - \frac{2\pi}{3}\right) &= -\bar{P}\cos\left(\omega_2 t + \alpha - \frac{2\pi}{3}\right) \\
-\bar{P}\cos\left(\omega_1 t + \alpha + \omega_r t - \frac{4\pi}{3}\right) &= -\bar{P}\cos\left(\omega_2 t + \alpha - \frac{4\pi}{3}\right)
\end{aligned}\right\} \quad (6)$$

Die Kommutatorspannungen verlaufen also sinusförmig mit der Frequenz $c_2 = \frac{\omega_2}{2\pi}$. Hat der Rotor $^1/_3$ Umdrehung zurückgelegt, so liegen die Anzapfungen $s_1 s_2 s_3$, je nach der Drehrichtung, unter den Bürsten $b_2 b_3 b_1$ oder unter $b_3 b_1 b_2$. Die Momentanwerte der Schleifring- und der Kommutatorspannungen müssen wieder einander gleich sein. Die Zeit ist $t = \pm \frac{2\pi}{3\omega_r}$. Das —-Zeichen ist zu setzen bei negativer Drehrichtung des Rotors, da die fortschreitende Zeit stets positives Vorzeichen führen muß. Die Spannung zwischen den Schleifringen $s_1 s_2$ hat zur Zeit $t = \pm \frac{2\pi}{3\omega_r}$ den Wert

$$\bar{P}\cos\left(\pm \frac{2\pi}{3}\frac{\omega_1}{\omega_r} + \alpha\right).$$

[1]) In Fig. 4 und einem Teil der folgenden Figuren sind Wicklung und Kommutator durch einen gemeinsamen Kreis angedeutet, auf dem die Bürsten aufliegen. Die Schleifringe sind nicht gezeichnet, es sind nur die zu ihnen führenden Anschlüsse angedeutet.

Die Spannung zwischen denjenigen Bürsten, unter denen die Anzapfungen $s_1 s_2$ zur Zeit $t = \pm \frac{2\pi}{3\omega_r}$ liegen, ist gegeben durch

$$-\overline{P}\cos\left(\pm\frac{2\pi}{3}\frac{\omega_2}{\omega_r}+\alpha\mp\frac{2\pi}{3}\right).$$

Bei positiver Drehrichtung des Rotors, bei der vor dem 1. Glied in der Klammer das $+$-Zeichen zu setzen ist, ist vor dem 3. Glied das $-$-Zeichen zu setzen, da in dem Fall $s_1 s_2$ unter $b_2 b_3$ zu liegen kommt (vgl. Formelgruppe 6). Bei negativer Drehrichtung sind die entgegengesetzten Vorzeichen einzuführen. Demnach geht der letzte Ausdruck über in

$$-\overline{P}\cos\left[\pm\frac{2\pi}{3}\left(\frac{\omega_2}{\omega_r}-\frac{\omega_r}{\omega_r}\right)+\alpha\right]=-\overline{P}\cos\left(\pm\frac{2\pi}{3}\frac{\omega_1}{\omega_r}+\alpha\right).$$

Entsprechende Schleifring- und Kommutatorspannungen sind also zur Zeit $t = \pm\frac{2\pi}{3\omega_r}$, d. h. nach $^1/_3$ Umdrehung des Rotors wieder einander gleich, wie es der Fall sein muß.

2. Die Stromverteilung im Rotor.

a) Dreiphasenschaltung.

Nun seien die bisher offen gedachten Bürsten über Widerstände r geschlossen (Fig. 1a), in denen die zwischen den Bürsten bestehenden Spannungen Ströme von der Frequenz c_2 erzeugen. Die Stromverteilung im Rotor des Umformers ergibt sich durch die folgende Überlegung: Denken wir uns zunächst die Schleifringe offen, während trotzdem durch eine äußere Ursache zwischen den Bürsten des Kommutators die richtigen Spannungen von der Frequenz c_2 bestehen, so fließen im Rotor nur die Ströme J_{bI}, J_{bII}, J_{bIII} gleicher Frequenz (Fig. 5), die zusammen ein Drehfeld erzeugen. Wir bezeichnen sie im folgenden kurz als „Kommutator-

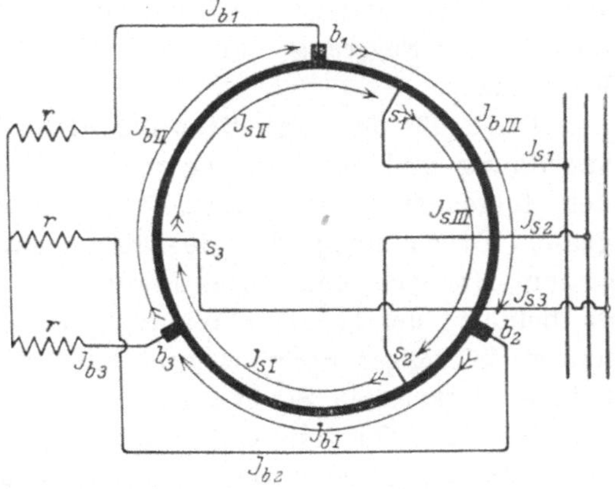

Fig. 5. Überlagerung der Schleifring- und Kommutatorströme in der Rotorwicklung.

ströme". Die über den Kommutator in die Widerstände r fließenden Ströme J_{b1}, J_{b2}, J_{b3} haben den $\sqrt{3}$-fachen Wert. Über die Schleifringe ist nun aber der Rotor gleichzeitig an eine gegebene Dreiphasenspannung angelegt, die in jedem Augenblick die Lage und die Größe des Drehfeldes erzwingt. Im Rotor müssen also außer den Kommutatorströmen noch die vom Netz über die Schleifringe zugeführten Ströme J_{sI}, J_{sII}, J_{sIII} fließen (im folgenden kurz als „Schleifringströme" bezeichnet), die wir uns aus 2 Teilen zusammengesetzt denken können. Der eine Teil, der Magnetisierungsstrom, würde für sich allein das verlangte Drehfeld erregen, er hat die Frequenz der den Schleifringen aufgedrückten Spannung. Der 2. Teil, der Arbeitsstrom, hebt die Durchflutung der Kommutatorströme auf. Zur Durchflutung der Kommutatorströme ist die Durchflutung der zusätzlichen Kurzschlußströme unter den Bürsten zuzuzählen. Die Durchflutung der Kommutatorströme rotiert im Raum mit einer Winkelgeschwindigkeit, die gleich der Kreisfrequenz ω_2 dieser Ströme ist. Die Durchflutung der über die Schleifringe zugeführten Arbeitsströme rotiert entsprechend der Kreisfrequenz dieser Ströme relativ zum Rotor, der selbst mit der Winkelgeschwindigkeit ω_r rotiert. Sollen sich beide Durchflutungen ständig aufheben, so müssen beide mit der gleichen Winkelgeschwindigkeit im Raum rotieren. Es muß also die Kreisfrequenz der Schleifringströme gleich $\omega_2 - \omega_r = \omega_1$ (Gl. 5) sein, d. h. sie ist gleich der Kreisfrequenz der Schleifringspannung. Der gesamte über die Schleifringe zugeführte Strom hat also die Netzfrequenz. Der resultierende Strom im Rotor ergibt sich als Überlagerung des Schleifring- und des Kommutatorstromes, also als Überlagerung von zwei Mehrphasenströmen verschiedener Frequenz.

Die Größe des Magnetisierungsstromes folgt aus der Wicklungsanordnung und aus dem magnetischen Widerstand. Er werde in den folgenden Betrachtungen vernachlässigt. Der Arbeitsstrom, dessen Durchflutung die des Kommutatorstromes aufhebt, ist in seinem Maximal- und Effektivwert dem Kommutatorstrom gleich, da beide in der gleichen Wicklung fließen. Wir rechnen zunächst mit sinusförmigen Strömen und Feldern. Die Momentanwerte der beiden betrachteten Ströme sind aber im allgemeinen voneinander verschieden. Nur zur Zeit $t = 0$ (S. 5), wenn beide Ströme dem Rotor an den gleichen Stellen zugeführt werden, müssen die Ströme einander entgegengesetzt gleich sein. Denn es müssen in dem Zeitpunkt z. B. die Durchflutungen der Ströme J_{sI} und J_{bI}, die im gleichen Wicklungsabschnitt $s_2\, s_3 = b_2\, b_3$ fließen, sich aufheben. Zur Zeit $t = \dfrac{2\pi}{3\omega_r}$ müssen (bei positiver Drehrichtung des Rotors) die

Durchflutungen der Ströme $J_{s\,III}$ und $J_{b\,I}$ sich aufheben, da wieder beide im gleichen Wicklungsabschnitt $s_1 s_2 = b_2 b_3$ fließen, die beiden Ströme müssen wieder entgegengesetzt gleich sein. In der Zwischenzeit aber werden Schleifring- und Kommutatorströme dem Rotor an verschiedenen Stellen zugeführt, die Durchflutung des Stromes $J_{b\,I}$ wird teils durch die des Stromes $J_{s\,I}$ und teils durch die des Stromes $J_{s\,III}$, der gegen $J_{s\,I}$ um $\frac{2\pi}{3}$ in der Phase verschoben ist, aufgehoben (Fig. 5).

In der speziellen Lage der Fig. 3 sind, wie oben gezeigt, die Ströme entgegengesetzt gleich, der resultierende Strom im Rotor ist Null, der vom Netz kommende Strom geht direkt auf die Bürsten über, ohne die Rotorwicklung zu durchfließen. Der Zeitpunkt, in dem der Rotor diese Lage einnimmt, ist unabhängig vom Wert der Ströme. Die Schleifring- und Kommutatorströme haben also zur Zeit $t = 0$ in den Abschnitten $s_1 s_2 = b_1 b_2$, $s_2 s_3 = b_2 b_3$ und $s_3 s_1 = b_3 b_1$ die Werte

$$\bar{J}\cos\beta \quad \text{und} \quad -\bar{J}\cos\beta$$

$$\bar{J}\cos\left(\beta - \frac{2\pi}{3}\right) \quad \text{und} \quad -\bar{J}\cos\left(\beta - \frac{2\pi}{3}\right)$$

$$\bar{J}\cos\left(\beta - \frac{4\pi}{3}\right) \quad \text{und} \quad -\bar{J}\cos\left(\beta - \frac{4\pi}{3}\right)$$

Die Größe β hängt von den als zufällig zu betrachtenden Antriebsbedingungen des Umformers ab und kann jeden Wert annehmen. Zu einer beliebigen Zeit t sind die Schleifringströme gegeben durch

$$\left.\begin{aligned} &\bar{J}\cos(\omega_1 t + \beta) \\ &\bar{J}\cos\left(\omega_1 t + \beta - \frac{2\pi}{3}\right) \\ &\bar{J}\cos\left(\omega_1 t + \beta - \frac{4\pi}{3}\right) \end{aligned}\right\} \quad \ldots\ldots\ldots \quad (7)$$

Die resultierenden Durchflutungen der Schleifring- und Kommutatorströme, die längs des Ankerumfangs nach Sinuskurven (unter Vernachlässigung der Oberwellen) verteilt sind, müssen auch zur Zeit t einander entgegengesetzt gleich sein, die beiden Sinuskurven müssen um 180^0 gegeneinander verschoben sein.

Da die Zuführungspunkte der beiden Mehrphasenströme zur Zeit t um den Winkel $\omega_r t$ gegeneinander verschoben sind, wären, wenn die Momentanwerte der Ströme einander entgegengesetzt gleich wären, die Kurven der Durchflutungen um den Winkel $\omega_r t + \pi$

gegeneinander verschoben. Damit sie nur um den Winkel π gegeneinander verschoben sind, müssen die Phasenwinkel der Kommutatorströme um den Betrag $\omega_r t$ von denen der Schleifringströme verschieden sein. Zur Zeit t sind also die Kommutatorströme gegeben durch:

$$\left.\begin{aligned} -\bar{J}\cos(\omega_1 t+\beta+\omega_r t) &= -\bar{J}\cos(\omega_2 t+\beta) \\ -\bar{J}\cos\left(\omega_1 t+\beta+\omega_r t-\frac{2\pi}{3}\right) &= -\bar{J}\cos\left(\omega_2 t+\beta-\frac{2\pi}{3}\right) \\ -\bar{J}\cos\left(\omega_1 t+\beta+\omega_r t-\frac{4\pi}{3}\right) &= -\bar{J}\cos\left(\omega_2 t+\beta-\frac{4\pi}{3}\right) \end{aligned}\right\} \quad (8)$$

Hat sich der Rotor aus der Lage der Fig. 3 um einen sehr kleinen Winkel $b_1 O s_1$ gedreht (Fig. 4), so sind entsprechende Schleifring- und Kommutatorströme noch annähernd entgegengesetzt gleich, die resultierenden Ströme in den Abschnitten $s_1 b_2$, $s_2 b_3$ und $s_3 b_1$ sind annähernd Null. In den drei anderen Abschnitten dagegen überlagern sich Ströme, die verschiedenen Phasen angehören. In dem Abschnitt $b_1 s_1$ z. B. fließen bei der in Fig. 4 angenommenen Drehrichtung zur Zeit $t=\Delta t\cong 0$ der Schleifringstrom

$$\bar{J}\cos\left(\beta-\frac{4\pi}{3}\right)$$

und der Kommutatorstrom

$$-\bar{J}\cos\beta.$$

Der resultierende Strom ist also

$$\bar{J}\cos\left(\beta-\frac{4\pi}{3}\right)-\bar{J}\cos\beta=-\sqrt{3}\,\bar{J}\cos\left(\beta-\frac{\pi}{6}\right),$$

er ist gleich dem verketteten Strom, dessen Zahlenwert in dem Augenblick für Kommutator und Schleifring der gleiche ist. Der Strom tritt also bei s_1 ein, durchfließt nur das Stück $s_1 b_1$ und tritt bei b_1 aus. Bei weiterer Rotation des Rotors variieren die beiden in $s_1 b_1$ sich überlagernden Ströme nach Sinusfunktionen verschiedener Frequenz. Hat der Rotor sich um $^2/_3$ einer Polteilung gedreht, so ist der Strom im Abschnitt $s_1 b_1$ Null, da dann die Anschlüsse zu den Schleifringen wieder unter den Bürsten des Kommutators liegen. Der Strom im Abschnitt $s_3 b_1$ steigt im gleichen Zeitraum, zwischen $t=0$ und $t=\frac{1}{3c_r}$, von Null auf den Wert des Linienstromes unter b_1 zur Zeit $t=\frac{1}{3c_r}$. In Fig. 6 ist der Verlauf der einzelnen sich überlagernden Ströme und der des resultierenden

Stromes dargestellt für den Fall, daß sich das Drehfeld relativ zum Rotor im Sinn $b_1 b_2 b_3$ dreht. Der Rotor selbst drehe sich im Raum

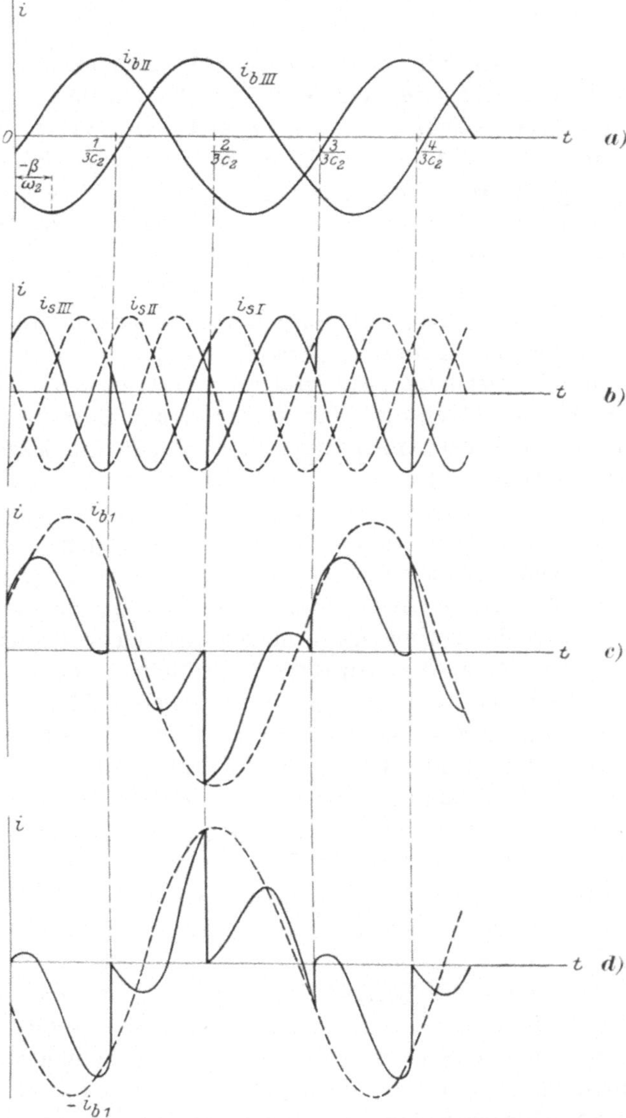

Fig. 6. Verlauf des Stromes in einzelnen Wicklungsabschnitten bei Schaltung nach Fig. 5.

in der entgegengesetzten Richtung, und zwar mit der halben Geschwindigkeit, es sei also $\omega_r = -\frac{\omega_1}{2} = -\omega_2$. In Fig. 6a zeigt

Kurve $i_{b\,II}$ den Kommutatorstrom im Abschnitt $b_3 b_1$, Kurve $i_{b\,III}$ den Kommutatorstrom im Abschnitt $b_1 b_2$ in Funktion der Zeit. Einer Umdrehung des Rotors entspricht die Zeit $t = \frac{2\pi}{\omega_r} = \frac{1}{c_2}$. In Fig. 6b geben die drei gestrichelten Kurven $i_{s\,III}$, $i_{s\,II}$, $i_{s\,I}$ den Wert der Schleifringströme in den Abschnitten $s_1 s_2$, $s_3 s_1$ und $s_2 s_3$. Die voll ausgezogene Kurve gibt den Verlauf des Schleifringstromes jeweils in dem Abschnitt, in dem die Bürste b_1 liegt.

In Fig. 6c zeigt die gestrichelte Kurve i_{b1} den Verlauf des verketteten Stromes unter der Bürste b_1. Der von der Bürste wegfließende Strom sei positiv, der Strom ist also $= i_{b\,II} - i_{b\,III}$ (Fig. 5). Der Zeitpunkt $t = 0$, d. h. die Größe des Winkels β (Formel 7) ist beliebig gewählt. Die voll ausgezogene Kurve in 6c, die durch Überlagerung der Kurve $i_{b\,II}$ in 6a und der voll ausgezogenen Kurve in 6b entstanden ist, gibt den Verlauf des resultierenden Stromes in dem Abschnitt, der links von der Bürste b_1, zwischen b_1 und der nächsten Anzapfung, liegt. Liegt die Anzapfung unmittelbar neben der Bürste, so hat der Strom den gleichen Wert wie der von der Bürste wegfließende verkettete Strom (vgl. S. 10). Die voll ausgezogene Kurve in Fig. 6d zeigt den resultierenden Strom im Wicklungsabschnitt rechts von der Bürste b_1, wieder zwischen b_1 und der nächsten Anzapfung. Sie ist entstanden durch Überlagerung der Kurve $i_{b\,III}$ in 6a und der voll ausgezogenen Kurve in 6b. Liegt die Anzapfung unmittelbar neben der Bürste, so muß der Strom in dem Abschnitt zwischen beiden wieder identisch sein mit dem verketteten Strom unter der Bürste. Ein von der Bürste wegfließender Strom, den wir als positiv definiert haben, fließt von der Anzapfung zur Bürste, er fließt also in dem jetzt betrachteten Abschnitt in der Richtung von b_2 nach b_1, d. h. in der für den Strom im Rotor als negativ definierten Richtung. Damit, trotzdem beide Ströme identisch erscheinen, ist in Fig. 6d (gestrichelte Kurve) statt des Stromes i_{b1} der Strom $-i_{b1}$ aufgetragen.

Bisher wurde der Verlauf des Stromes in den einzelnen Wicklungsabschnitten zwischen Bürste und Anzapfung untersucht, deren Größe ständig wechselt. Der Strom in dem einzelnen Stab variiert nach dem gleichen Gesetz, doch gehört der Stab abwechselnd verschiedenen Abschnitten an. Der Zeitpunkt des Übertritts von einem Abschnitt zum andern hängt von der relativen Lage des Stabes gegenüber der Anzapfung ab. Fig. 7a zeigt den Verlauf des Stromes für den Stab, der im Abschnitt $s_1 s_2$ liegt, unmittelbar neben der Anzapfung s_1. Die Kurve ist im Zeitraum von $t = 0$ bis $t = \frac{1}{3\,c_2}$

identisch mit dem entsprechenden Stück der voll ausgezogenen Kurve in Fig. 6c, während der Zeit von $t=\frac{1}{3\,c_2}$ bis $t=\frac{2}{3\,c_2}$ fällt sie mit der Kurve des Stromverlaufs in dem Wicklungsabschnitt zusammen, der auf die Bürste b_3 im Sinn der Rotordrehung folgt. Fig. 7b zeigt den Stromverlauf für den Stab in der Mitte zwischen den Anzapfungen $s_1 s_2$, sie ist in der Zeit von $t=0$ bis $t=\frac{1}{6\,c_2}$ identisch mit dem entsprechenden Stück der voll ausgezogenen

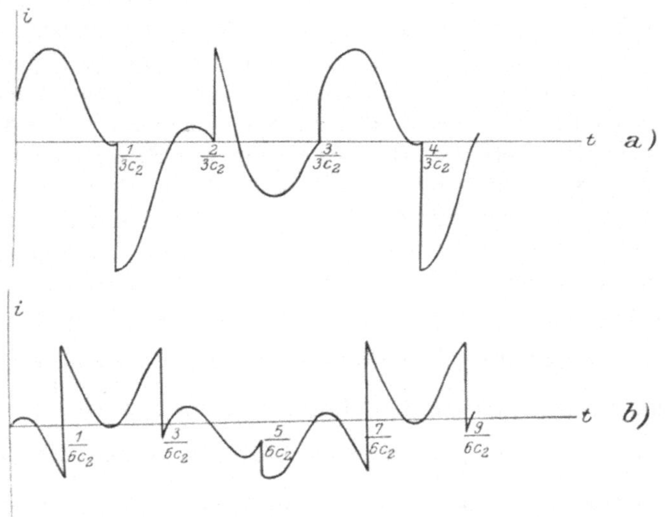

Fig. 7. Verlauf des Stromes in einzelnen Stäben bei Schaltung nach Fig. 5.

Kurve in Fig. 6d, in der Zeit von $t=\frac{1}{6\,c_2}$ bis $t=\frac{1}{3\,c_2}$ hat sie den gleichen Verlauf wie Kurve 7a, von $t=\frac{1}{3\,c_2}$ bis $t=\frac{2}{3\,c_2}$ folgt sie den entsprechenden, für die Bürste b_3 geltenden Kurven. Der Vergleich von 7a und 7b zeigt, daß die Stromwärme in den einzelnen Stäben sehr verschiedene Werte hat (vgl. S. 43). Die Kurven gelten nur bei unendlich schmalen Bürsten. Bei endlicher Bürstenbreite hängt die Stromverteilung unter den Bürsten vom Verlauf der Kommutierung ab. Die Kurven gelten dann nur für den Bereich außerhalb der Kurzschlußzone.

Die Figuren 7a und 7b zeigen, daß sich der Stromverlauf in einem einzelnen Stab bei der angenommenen Drehzahl des Rotors erst nach 2 Perioden des Schleifringstromes wiederholt. Da der resultierende Strom im Rotor als Überlagerung zweier Ströme gegeben ist, dauert eine Periode des resultierenden Stromes, im folgenden als „Umformungsperiode“ bezeichnet, allgemein mindestens bis zu dem Augenblick, in dem zum erstenmal gleichzeitig je eine ganze Zahl von Perioden der beiden sich überlagernden Ströme verflossen ist. Da der Wert des Stromes in dem einzelnen Stab auch von der momentanen Lage des Stabes relativ zu den Bürsten des Kommutators abhängt, kann sich ferner der Stromverlauf erst dann periodisch wiederholen, wenn der Stab die gleiche Lage im Raum einnimmt wie zu Beginn der Umformungsperiode. Diese zweite Bedingung ist aber mit der ersten, oben genannten, identisch. Denn während einer Periode des Schleifringstromes macht, im zweipoligen Schema, das Feld eine Umdrehung relativ zum Rotor, und während einer Periode des Kommutatorstromes macht es eine Umdrehung im Raume. Wenn also in einem bestimmten Zeitraum je eine ganze Zahl Perioden für beide Ströme verfließt, macht in derselben Zeit das Feld sowohl relativ zum Rotor als auch im Raum eine ganze Zahl von Umdrehungen, es muß demnach auch der Rotor selbst in dieser Zeit eine ganze Zahl von Umdrehungen im Raum machen, jeder Stab hat am Ende des betrachteten Zeitraums die gleiche Lage relativ zu den Bürsten wie am Anfang.

Nun ist die Dauer einer Periode des Schleifringstromes gleich $\frac{1}{c_1}$, die Dauer einer Periode des Kommutatorstromes ist $\frac{1}{c_2}$, die Zeitdauer einer Umformungsperiode ist also die niederste Zahl, die ein ganzes Vielfaches sowohl von $\frac{1}{c_1}$ als auch von $\frac{1}{c_2}$ ist. Gibt es keine solche Zahl, so ist der Stromverlauf nicht periodisch, er wiederholt sich nie.

Die Netzspannung kann auch statt an die Schleifringe an den Kommutator angelegt werden (Fig. 1b, S. 3). Bezeichnen wir in diesem Fall die Netzfrequenz mit c_2 und die Frequenz der Spannung zwischen den Schleifringen mit c_1, so ist bei einer Rotationsfrequenz c_r des Rotors c_1 gegeben durch

$$c_1 = c_2 - c_r \qquad (9)$$

Der Magnetisierungsstrom wird hier dem Rotor über den Kommutator zugeführt. Im übrigen ist der Stromverlauf der gleiche wie früher.

b) Sechsphasenschaltung.

Betrachten wir für die Schaltung nach Fig. 1a oder Fig. 1b bei einer Trommelwicklung, die praktisch allein in Frage kommt, den Verlauf des Schleifring- oder des Kommutatorstromes in der

Rotorwicklung für sich, so sehen wir, daß in zwei übereinanderliegenden Stäben einer Nut stets Ströme fließen (z. B. J_I und $-J_{II}$ in Fig. 8), die um 60° gegeneinander phasenverschoben sind. Wir setzen dabei eine Wicklung mit Durchmesserschritt voraus. Die Punkte b_1' b_2' b_3' der Fig. 8, die gegen b_1 b_2 b_3 je um 180° verschoben sind, bezeichnen die Stellen, an denen in der unteren Schicht der Wicklung Ströme verschiedener Phase zusammenstoßen. Die resultierenden Durchflutungen der einzelnen Abschnitte $b_1 b_3'$, $b_3' b_2$ usw. hängen von der geometrischen Summe der Ströme in den oberen und unteren Stäben ab und stellen ein Sechsphasensystem dar (Fig. 8). Infolge der Phasenverschiebung zwischen den Strömen der oberen und unteren Schicht ist die Ausnützung der

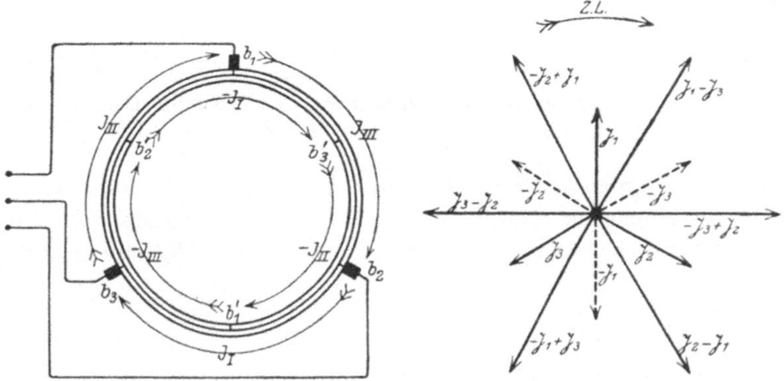

Fig. 8. Überlappung der Ströme bei dreiphasig gespeister Trommelwicklung mit Durchmesserschritt.

Wicklung schlecht. Wären diese Ströme miteinander in Phase, die Ströme in den benachbarten Abschnitten $b_1 b_3'$, $b_3' b_2$ usw. aber je 60° gegeneinander phasenverschoben, so würde die gleiche Durchflutung schon bei einem Strom bestehen, der nur $\frac{\sqrt{3}}{2}$ des Stromes bei der bisher betrachteten Schaltung beträgt. Wir erreichen dies dadurch, daß wir die Wicklung sechsphasig speisen, indem wir ihr an 6 um je 60° gegeneinander verschobenen Punkten Sechsphasenstrom oder unverketteten Dreiphasenstrom zuführen (Fig. 9). Die Umformung des gewöhnlich zur Verfügung stehenden verketteten Dreiphasenstromes in Sechsphasenstrom geschieht am einfachsten in einem Transformator T mit offener Sekundärwicklung. Die Sechsphasenschaltung läßt sich auch beim Frequenzumformer anwenden, und zwar sowohl auf der Schleifring- als auf der Kommutatorseite. Haben wir auf beiden Seiten Sechsphasenschaltung (Fig. 10), so verläuft der Strom im einzelnen Stab in ähnlicher Weise wie bei beidseitiger Dreiphasenschaltung; doch liegen dabei stets nach $^1/_6$ Umdrehung des Rotors die zu den Schleifringen führenden Anzapfungen

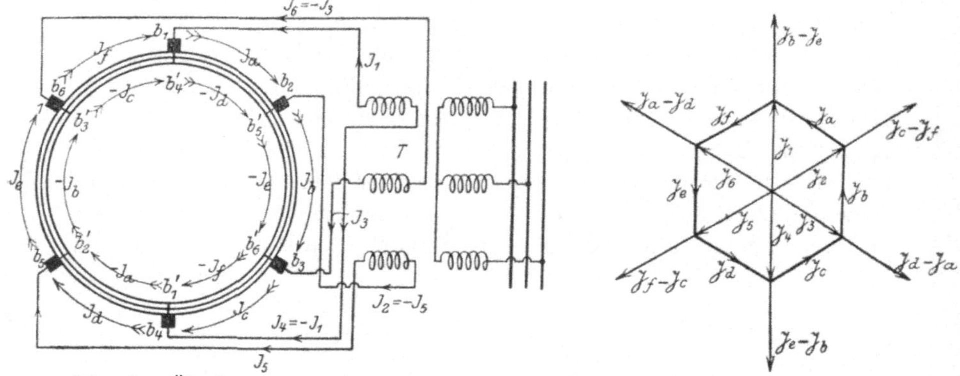

Fig. 9. Überlappung der Ströme bei sechsphasig gespeister Trommelwicklung mit Durchmesserschritt.

unter den Bürsten. Während einer Umdrehung ist der Rotor zu sechs verschiedenen Zeiten nur vom Magnetisierungsstrom durchflossen, der Arbeitsstrom geht direkt von den Schleifringen auf die Bürsten über.

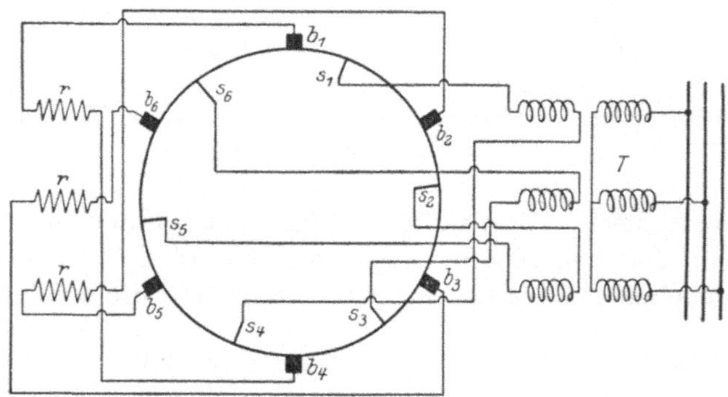

Fig. 10. Frequenzumformer mit Sechsphasenschaltung auf Schleifring- und Kommutatorseite.

Führen wir den Schleifringen verketteten Dreiphasenstrom zu, während wir am Kommutator Sechsphasenstrom abnehmen (Fig. 11), so ist der Wicklungsfaktor für den Schleifringstrom $\frac{\sqrt{3}}{2}$ mal kleiner als für den Kommutatorstrom. Der über die Schleifringe zufließende Arbeitsstrom ist also in jedem Ankerzweig $\frac{2}{\sqrt{3}}$ mal größer als der entsprechende Kommutatorstrom. Dieser ist aber bei Sechsphasenschaltung gleich dem verketteten, von den Bürsten wegfließenden Strom. Der über die Schleifringe vom Netz her zufließende verkettete Strom ist dagegen infolge der Dreiphasen-Dreieckschaltung der Schleifringseite $\sqrt{3}$ mal größer als der im Rotor fließende Schleifringstrom, er ist also doppelt so groß wie der von den Bürsten des Kommutators wegfließende Strom. Bei Vernachlässigung des Spannungsabfalls im Rotor ist die Spannung zwischen zwei benachbarten Bürsten des Kommutators nur $\frac{1}{\sqrt{3}}$ mal der Spannung zwischen zwei Schleifringen, die Spannung zweier auf einem Durchmesser liegenden Bürsten ist $\frac{2}{\sqrt{3}}$ mal der Spannung zwischen den Schleifringen.

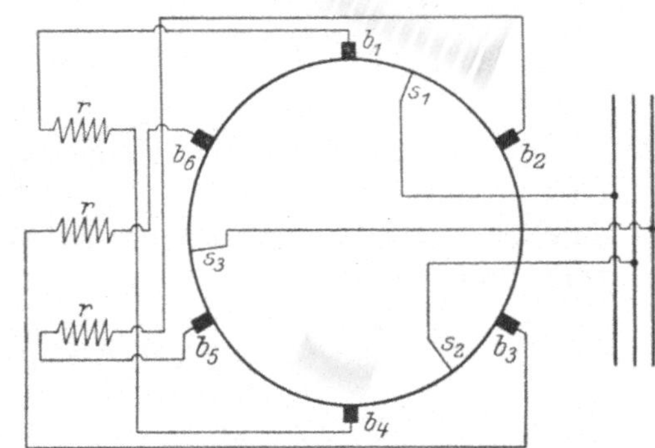

Fig. 11. Frequenzumformer mit Dreiphasenschaltung auf Schleifringseite und Sechsphasenschaltung auf Kommutatorseite.

Sind die Spannungen zwischen $s_1 s_2$, $s_2 s_3$ und $s_3 s_1$ (Fig. 11) wieder gegeben durch

$$\left.\begin{array}{l} \overline{P}\cos(\omega_1 t + \alpha) \\ \overline{P}\cos\left(\omega_1 t + \alpha - \frac{2\pi}{3}\right) \\ \overline{P}\cos\left(\omega_1 t + \alpha - \frac{4\pi}{3}\right) \end{array}\right\} \quad \ldots\ldots \quad (4)$$

so sind die Spannungen zwischen den Kommutatorbürsten $b_1 b_2$, $b_2 b_3$ usw. gegeben durch

$$\left.\begin{array}{l} -\frac{1}{\sqrt{3}}\overline{P}\cos\left(\omega_2 t + \alpha + \frac{\pi}{6}\right) \\ -\frac{1}{\sqrt{3}}\overline{P}\cos\left(\omega_2 t + \alpha - \frac{\pi}{6}\right) \\ -\frac{1}{\sqrt{3}}\overline{P}\cos\left(\omega_2 t + \alpha - \frac{3\pi}{6}\right) \end{array}\right\} \quad \ldots\ldots \quad (10)$$
usw.

Sind die Schleifringströme in den Abschnitten $s_1 s_2$, $s_2 s_3$, $s_3 s_1$ wieder

$$\left.\begin{aligned} &\bar{J}\cos(\omega_1 t+\beta) \\ &\bar{J}\cos\left(\omega_1 t+\beta-\frac{2\pi}{3}\right) \\ &\bar{J}\cos\left(\omega_1 t+\beta-\frac{4\pi}{3}\right) \end{aligned}\right\} \quad \ldots \ldots \quad (7)$$

so sind die Kommutatorströme in den Abschnitten $b_1 b_2$, $b_2 b_3$ usw. gegeben durch

$$\left.\begin{aligned} &-\frac{\sqrt{3}}{2}\bar{J}\cos\left(\omega_2 t+\beta+\frac{\pi}{6}\right) \\ &-\frac{\sqrt{3}}{2}\bar{J}\cos\left(\omega_2 t+\beta-\frac{\pi}{6}\right) \\ &-\frac{\sqrt{3}}{2}\bar{J}\cos\left(\omega_2 t+\beta-\frac{3\pi}{6}\right) \end{aligned}\right\} \quad \ldots \ldots \quad (11)$$

usw.

In Fig. 12 zeigt die Kurve a für $\omega_r = -\frac{\omega_1}{2} = -\omega_2$ den Verlauf des resultierenden Arbeitsstromes in einem Stab, der im Abschnitt $s_1 s_2$ liegt, und zwar unmittelbar neben s_1, Kurve b zeigt

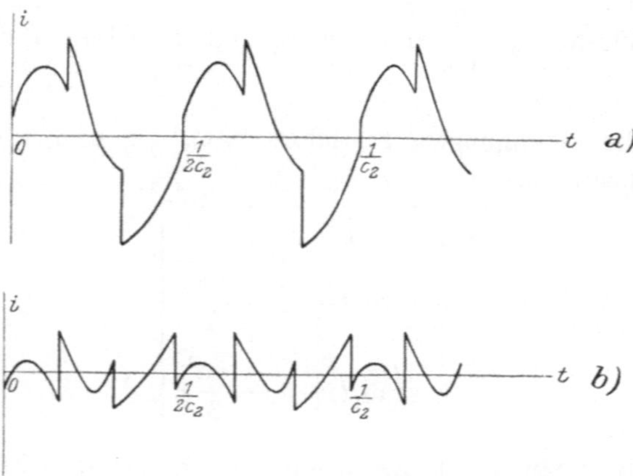

Fig. 12. Verlauf des Stromes in einzelnen Stäben bei Schaltung nach Fig. 11.

den Stromverlauf in einem Stab, der in der Mitte zwischen den zwei Anzapfungen $s_1 s_2$ liegt. Der Arbeitsstrom auf der Schleifringseite hat die gleiche Amplitude wie in Fig. 7a und 7b. Die letzte mögliche Schaltung, sechsphasige Speisung auf der Schleifringseite und dreiphasige auf der Kommutatorseite, kommt praktisch kaum in Frage. Denn am wichtigsten ist die sechsphasige Speisung auf der Kommutatorseite, da hierdurch die Kommutation wesentlich verbessert wird (vgl. S. 25). Durch sechsphasige Speisung auf Kommutator- und auf Schleifringseite erreicht man außerdem kleine Kupferverluste.

3. Die Phasenverschiebung auf der Schleifring- und auf der Kommutatorseite.

Bei allen Schaltungen ist die Größe des über die Schleifringe zugeführten Arbeitsstromes dadurch bestimmt, daß seine Durchflutung in jedem Augenblick der Durchflutung des Kommutatorstromes entgegengesetzt gleich sein muß. Sie ist dagegen unabhängig von der momentanen Lage des Feldes, d. h. vom momentanen Wert der Spannung. Die bisher erhaltenen Resultate gelten also unabhängig davon, ob der Strom in Phase mit der Spannung ist oder nicht. Der Begriff der Phasenverschiebung zwischen Schleifring- und Kommutatorspannung ist unbestimmt, da es sich um Größen verschiedener Frequenz handelt. Der Winkel der Phasenverschiebung zwischen Schleifringstrom und Schleifringspannung ist dagegen stets eine fest bestimmte Größe; er ist bei Vernachlässigung des Magnetisierungsstromes und des Ohmschen und induktiven Spannungsabfalls (Kap. 7) stets gleich dem Winkel zwischen Kommutatorstrom und Kommutatorspannung. Denn da der Umformer ohne Statorwicklung, wie wir ihn bisher allein behandeln, mechanische Leistung weder aufnehmen noch abgeben kann, muß die elektrische Aufnahme gleich der elektrischen Abgabe sein. Da nun die Effektivwerte von Arbeitsstrom und Spannung auf Schleifring- und Kommutatorseite je einander gleich sind, so müssen auch die Winkel der Phasenverschiebung einander gleich sein.

Zum gleichen Resultat führt die folgende Überlegung. Ist in einem beliebigen Augenblick (bei beidseitiger Dreiphasenschaltung) die Schleifringspannung $= \overline{P}\cos(\omega_1 t + \alpha) = \overline{P}\cos\varphi$, so ist die entsprechende Kommutatorspannung $-\overline{P}\cos(\varphi + \partial)$ (vgl. S. 6), wobei ∂ den Winkel bedeutet, um den in diesem Augenblick die zu den Schleifringen führenden Anzapfungen gegen die Bürsten verschoben sind. Ist zur gleichen Zeit der Schleifringstrom $= \overline{J}\cos(\omega_1 t + \beta) = \overline{J}\cos\psi$, so ist der Kommutatorstrom $-\overline{J}\cos(\psi + \partial)$. Also ist der Winkel der Phasenverschiebung zwischen Strom und Spannung auf der Schleifringseite $= \varphi - \psi$ und auf der Kommutatorseite $= \varphi + \partial - (\psi + \partial) = \varphi - \psi$.

4. Die Oberfelder.

Bei den bisherigen Betrachtungen wurde allgemein angenommen, daß das umlaufende magnetische Feld stets sinusförmig am Ankerumfang verteilt sei und daß die Ströme zeitlich sinusförmig verlaufen. Diese Annahmen treffen aber nicht zu. Wird eine gleichmäßig verteilte Wicklung mit Dreiphasenstrom gespeist, so weicht die Kurve der vom Strom längs des Ankerumfangs erregten Durchflutung von der Sinusform ab. Wird der Strom der Wicklung stets an denselben Stellen zugeführt, so läßt sich eine Anordnung der Wicklung denken, bei der die Kurve der Durchflutung Sinusform hat. Beim Frequenzumformer, bei dem die Wicklung gegenüber den Stromzuführungspunkten des Kommutators ständig wandert, ist diese Anordnung nicht möglich.

Wir betrachten deshalb im folgenden noch einmal den Verlauf von Strom und Spannung beim Umformer, zunächst bei offenen Bürsten, wobei wir die genaue Form der Kurve der resultierenden Durchflutung berücksichtigen. Der Spannungsabfall im Umformer werde vernachlässigt. Die Netzspannung sei sinusförmig und sei an die Schleifringe angelegt. Wir vernachlässigen ferner die Oberwellen des Magnetisierungsstromes. Dann ist, wie aus den Fig. 8 und 9 folgt, der Verlauf der Durchflutung längs des Ankerumfangs bei Dreiphasenschaltung der gleiche wie bei Sechsphasenschaltung. Die Kurve der Durchflutung ist aber bekanntlich nicht sinusförmig, sie rotiert längs des Ankerumfangs und ändert dabei ständig, wenn auch geringfügig, ihre Gestalt. Wir können sie darstellen als Überlagerung verschiedener sinusförmiger Einzelwellen, die mit verschiedenen Geschwindigkeiten, aber unveränderter Gestalt, umlaufen. Die Grundwelle, deren Wellenlänge gleich der doppelten Polteilung der Wicklung ist, rotiert mit der Winkelgeschwindigkeit ω_1 relativ zum Rotor. Sie wurde bisher allein betrachtet. Die μ^{te} Oberwelle, deren Länge $= \frac{1}{\mu}$ von der der Grundwelle ist, rotiert mit der Winkelgeschwindigkeit $\frac{\omega_1}{\mu}$ relativ zum Rotor, und zwar die 7te, 13te usw. in der Drehrichtung der Grundwelle, die 5te, 11te usw. in der entgegengesetzten Richtung. Eine 2te, 4te, 6te, ebenso eine 3te, 9te, 15te Oberwelle der Durchflutung ist nicht vorhanden. Jede Einzelwelle der Durchflutung erregt eine Einzelwelle des Feldes, die mit der gleichen Geschwindigkeit umläuft. Solange wir den Einfluß der Hysterese und der Sättigung vernachlässigen, ist die Einzelwelle des Feldes geometrisch ähnlich der Integralkurve der entsprechenden Einzelwelle der Durchflutung.

Die mit verschiedenen Geschwindigkeiten umlaufenden Oberwellen des Feldes, die „Oberfelder“, induzieren alle zwischen den Schleifringen sinusförmige EMKe von der Netzfrequenz. Sie induzieren aber auch EMKe zwischen den Bürsten, deren Effektivwerte gleich denen der entsprechenden EMKe zwischen den Schleifringen sind. Die Frequenz dieser EMKe hängt von der Drehzahl der Oberfelder im Raum ab.

Das μ.[1]) Oberfeld, das mit der Winkelgeschwindigkeit $\omega_{2\mu} = 2\pi c_{2\mu}$ im Raum umläuft, induziert in den Wicklungsabschnitten zwischen den Bürsten EMKe von der Frequenz $\mu c_{2\mu}$, da seine Polteilung nur $\frac{1}{\mu}$ von der der Grundwelle ist. Nun ist

$$\omega_{2\mu} = \omega_r \pm \frac{\omega_1}{\mu}\;^{2)}$$

$$c_{2\mu} = \frac{\omega_r \pm \frac{\omega_1}{\mu}}{2\pi}$$

$$\mu c_{2\mu} = \frac{\mu\omega_r \pm \omega_1}{2\pi}.$$

Die Frequenz der vom μ. Oberfeld zwischen den Bürsten induzierten EMK hängt also von der Ordnung μ dieses Feldes ab. Bei sinusförmiger Schleifringspannung ist die Kommutatorspannung infolge des Einflusses der Oberfelder nicht mehr sinusförmig.

Werden nun die Bürsten über Widerstände geschlossen, so wird auch der entstehende Strom nicht mehr sinusförmig verlaufen. Wir betrachten zunächst nur die zeitliche Grundwelle dieses Stromes. Die Kurve der Durchflutung dieser Grundwelle zerlegen wir in ihre Einzelwellen. Die Grundwelle der Durchflutung, die mit der Winkelgeschwindigkeit ω_2 im Raum umläuft, wird, analog der früheren Betrachtung, durch die Grundwelle der Durchflutung des über die Schleifringe zugeführten Arbeitsstromes aufgehoben. Die ν. Oberwelle der Durchflutung des Kommutatorstromes rotiert im Raum mit einer Winkelgeschwindigkeit $\omega_{2\nu} = \pm \frac{\omega_2}{\nu}$. Ihre Geschwindigkeit relativ zum Rotor ist $\pm \frac{\omega_2}{\nu} - \omega_r$, das von ihr erregte Oberfeld induziert

---

[1]) μ bezeichnet ein vom Schleifringstrom erregtes Oberfeld, ν ein vom Kommutatorstrom erregtes Oberfeld. Der Index 1 bezeichnet, wie früher, Winkelgeschwindigkeit und Frequenz einer Bewegung relativ zum Rotor, der Index 2 bezeichnet eine Bewegung im Raum.

[2]) Das —-Zeichen ist in den folgenden Formeln für die Oberfelder einzusetzen, die entgegengesetzt zur Drehrichtung des Grundfeldes rotieren.

also in den Wicklungsabschnitten zwischen den Schleifringen EMKe von der Frequenz $\frac{\pm\omega_2 - \nu\omega_r}{2\pi}$. Die Schleifringspannung muß aber nach einer Sinusfunktion der Netzfrequenz variieren. Also müssen über die Schleifringe bei Belastung außer dem Magnetisierungsstrom, der bei offenen Bürsten fließt, noch zusätzliche Magnetisierungsströme solcher Größe und Frequenz zugeführt werden, daß die von ihnen erregten Felder zwischen den Schleifringen EMKe induzieren, die den eben betrachteten, von den Oberfeldern des Kommutatorstromes induzierten EMKen entgegengesetzt gleich sind. Die Frequenz dieser Ströme muß also sein

$$\frac{\pm\omega_2 - \nu\omega_r}{2\pi}.$$

Sie erregen, wie jeder über die Schleifringe zugeführte Dreiphasenstrom, Felder, die im wesentlichen, unter Vernachlässigung der Oberfelder, Sinusform haben und deren Polteilung gleich der der Grundwelle des Drehfeldes ist. Da die Polteilung eines Oberfeldes des Kommutatorstromes nur $\frac{1}{\nu}$ dieser Strecke beträgt, können sich die von den zusätzlichen Magnetisierungsströmen verschiedener Frequenz der Schleifringseite erregten Felder und die Oberfelder der Grundwelle des Kommutatorstromes nicht gegenseitig aufheben, wohl aber induzieren sie zwischen den Schleifringen EMKe, die einander entgegengesetzt gleich sind. Die zeitlichen Oberwellen des Kommutatorstromes, die bisher vernachlässigt wurden, wirken in ähnlicher Weise wie die Grundwelle.

Bei einer gleichmäßig verteilten Wicklung, der an drei um 120^0 entfernten Punkten sinusförmiger Dreiphasenstrom zugeführt wird, sind die Amplituden der Oberwellen der Durchflutung klein gegen die der Grundwelle. Die Grundwelle der resultierenden Durchflutung (der Durchflutung des Magnetisierungsstromes) ist aber beim Frequenzumformer gegeben durch die Differenz der Durchflutungen von Schleifring- und Kommutatorstrom, während die Oberwellen der Durchflutung dem vollen Wert dieser Ströme entsprechen. Sollen die Oberwellen klein sein gegenüber der Grundwelle, so muß also der Magnetisierungsstrom einen möglichst hohen Betrag des Gesamtstromes ausmachen, die Maschine ist mit hohem magnetischen Widerstand zu bauen (vgl. S. 4).

5. Die Kommutation.

Während der Zeit, in der eine Spule von einer Bürste kurzgeschlossen ist, hängt der Wert des Stromes, der in ihr fließt, von der resultierenden EMK ab, die in der Spule induziert wird. Diese EMK ist gegeben durch die Änderungsgeschwindigkeit des gesamten Induktionsflusses, der mit der Spule verkettet ist. Fließt auf der Kommutatorseite kein Strom, so wird nur von dem rotierenden Hauptfeld eine EMK induziert[1]), wir bezeichnen sie als Transformator-EMK. Bei Belastung treten außerdem noch EMKe auf, die von den Oberfeldern der Arbeitsströme induziert werden. Das μ. Oberfeld des Schleifringstromes rotiert mit $\frac{1}{\mu}$ der Geschwindigkeit des Hauptfeldes relativ zum Rotor, die von ihm induzierte EMK ist also gering. Das ν. Oberfeld des Kommutatorstromes rotiert aber mit der entsprechenden Geschwindigkeit im Raum, seine Drehzahl relativ zum Rotor und die von ihm induzierte EMK können also beträchtlich sein. Der Einfluß dieser Oberfelder auf die in den Wicklungsabschnitten zwischen den Schleifringen induzierten EMKe wird bei sinusförmiger Schleifringspannung und bei Vernachlässigung des Spannungsabfalls durch entsprechende zusätzliche Felder aufgehoben, die von der Schleifringseite aus erregt werden. Da diese Felder aber verschiedene Polteilung haben (S. 22), ist die von ihnen in einem einzelnen Stab induzierte resultierende EMK nicht Null. Schließlich wird in den von einer Bürste kurzgeschlossenen Spulen noch eine EMK durch die Änderung des in ihnen fließenden Stromes induziert.

Betrachten wir den Verlauf des über die Bürsten zugeführten Stromes in einer Spule, so sehen wir, daß die Spule vor und nach der Zeit, während der sie durch eine Bürste kurzgeschlossen ist, Ströme verschiedener Phasen führt. Während der Kurzschlußzeit ändert sich also der Strom in der Spule um den momentanen Wert der Differenz der Ströme, die in den beiden an die Bürste angrenzenden Wicklungsabschnitten fließen. Diese Differenz ist gleich dem momentanen Wert des über die Bürste fließenden verketteten Stromes. Der über die Schleifringe zugeführte Strom, der sich über den oben betrachteten Strom lagert, ist ohne Einfluß auf die Stromwendung. Denn da die Spule ihre Lage relativ zu den Schleifringen nicht ändert, variiert der Schleifringstrom, unabhängig von der Stellung des Rotors gegenüber den Bürsten, nur mit der Netzfrequenz. Die EMK, die durch diese Änderung des Kommutator-

[1]) Den Streufluß des Magnetisierungsstromes vernachlässigen wir dabei.

stromes in der kurzgeschlossenen Spule induziert wird, bezeichnen wir als EMK der Stromwendung, sie tritt auch bei einer Gleichstrommaschine auf.

Die Durchflutung der Ströme aller gleichzeitig kommutierenden Spulen erregt einen Induktionsfluß, der längs des ganzen Ankerumfangs aus dem Rotor aus- oder eintritt und teils den Luftraum zweimal durchsetzt und ein Stück im Statoreisen verläuft, teils auch sich nur durch den Luftspalt oder quer durch die Nut schließt. Es wäre aber falsch, diesen gesamten Induktionsfluß bei Berechnung der EMK der Stromwendung einzusetzen. Solange wir nämlich bei Berechnung der Durchflutung des Kommutatorstromes den Einfluß der Stromwendung in den kurzgeschlossenen Spulen vollständig vernachlässigen, rotiert die resultierende Durchflutung des Kommutatorstromes mit der der Frequenz dieses Stromes entsprechenden Geschwindigkeit relativ zum Rotor; durch die Stromwendung wird aber die Wirkung der Rotation des Rotors aufgehoben, so daß die Durchflutung mit der gleichen Geschwindigkeit im Raum rotiert. Wenn wir also mit dieser Geschwindigkeit der Durchflutung des Kommutatorstromes rechnen, wie es bei Berechnung der Transformator-EMK geschieht, haben wir die Durchflutung der Ströme in den kurzgeschlossenen Spulen schon berücksichtigt.

Wenn wir aber aus der Durchflutung den Induktionsfluß berechnen, so nehmen wir gewöhnlich an, daß der magnetische Widerstand, den der Fluß in der Luft findet, der Größe des Luftspaltes proportional sei. Wir berücksichtigen also nur die Kraftlinien, die den Luftraum zweimal durchsetzen und eine Strecke weit im Statoreisen verlaufen (vgl. S. 51). Die Kraftlinien, die den Stator nicht berühren, sind dabei vernachlässigt. Die von ihnen induzierte EMK ist deshalb besonders zu bestimmen, wir haben sie als EMK der Stromwendung bezeichnet. Wenn der Betrag, um den kommutiert wird, bekannt ist, ist die Rechnung die gleiche wie bei der Gleichstrommaschine.

Mit Hinsicht auf die Stromwendung besteht ein wesentlicher Unterschied zwischen der dreiphasigen und der sechsphasigen Speisung des Umformers auf der Kommutatorseite. Um beide Schaltungen vergleichen zu können, nehmen wir an, daß wir in einem gegebenen Umformer, bei gegebener Schleifring- und Kommutator-Frequenz, eine bestimmte Leistung W transformieren wollen. Der Effektivwert der EMK, die das Drehfeld in dem Wicklungsteil zwischen zwei um eine Polteilung voneinander entfernten Punkten induziert, sei E. Bei Dreiphasenschaltung ist die Spannung zwischen zwei Bürsten $\frac{\sqrt{3}}{2} E$, der Effektivwert des Stromes unter den Bürsten muß also $J' = \dfrac{W}{\sqrt{3}\dfrac{\sqrt{3}}{2} E \cos\varphi}$ sein. Bei Sechsphasenschaltung dagegen ist die Spannung zwischen zwei benachbarten Bürsten $\dfrac{E}{2}$ und der Bürstenstrom ist $J'' = \dfrac{W}{6\dfrac{E}{2}\cos\varphi}$, also ist $J'' = \dfrac{J'}{2}$. Bei Dreiphasenschaltung kommutiert an einer Stelle des Ankerumfangs entweder nur die obere oder nur die untere Schicht der Wicklung, die maximal mögliche Stromänderung in zwei übereinander liegenden Stäben während der Kommutation ist also $\sqrt{2}\,J'$, d. h. gleich dem Maximalwert des verketteten Stromes. Bei Sechsphasenschaltung und unverkürztem Wicklungsschritt kommutieren stets zwei übereinander liegende Stäbe gleichzeitig; die Ströme beider Stäbe sind miteinander in Phase. Da die Stromänderung in einem Stab wieder gleich dem verketteten Strom ist, ist die gesamte maximale Stromänderung in den beiden Stäben $2\sqrt{2}\,J'' = \sqrt{2}\,J'$. Das kommutierte Stromvolumen ist also in beiden Fällen das gleiche. Bei der Sechsphasenschaltung ist aber, während der Stab einer Schicht der Wicklung kommutiert, stets auch der Stab der anderen Schicht kurzgeschlossen, die dadurch bewirkte Dämpfung verbessert die Kommutation wesentlich. Verzichtet man auf die Dämpfung, indem man z. B. den Wicklungsschritt verkürzt, so kommutiert an einer Stelle des Ankerumfangs auch bei Sechsphasenschaltung nur ein Stab, das in ihm kommutierte Stromvolumen ist dann aber nur halb so groß als bei Dreiphasenschaltung.

Sowohl die Transformator-EMK wie die EMK der Stromwendung können durch Wendefelder aufgehoben werden. Da beide EMKe mit der Frequenz des Stromes auf der Kommutatorseite variieren, müssen auch die Wendepole von Strömen dieser Frequenz gespeist werden, unabhängig davon, an welcher Seite die Netzspannung anliegt. Das Feld zur Unterdrückung der EMK der Stromwendung muß dem Bürstenstrom proportional sein, also von diesem erregt werden, das Feld zur Unterdrückung der Transformator-EMK muß im Nebenschluß zur Kommutatorspannung liegen. Es gilt darüber im wesentlichen das gleiche wie beim Dreiphasen-Kommutatormotor; es seien deshalb nur die Erscheinungen hervorgehoben, die beim Frequenzumformer speziell zu berücksichtigen sind.

Bei der wichtigsten Anwendung des Frequenzumformers (vgl S. 67) ist die Frequenz auf der Schleifringseite konstant; die Schleifringspannung, deren Effektivwert bei gleicher Schaltung auf beiden Seiten dem der Kommutatorspannung stets gleich ist, und die Frequenz auf der Kommutatorseite sind einander proportional, weil Schleifringspannung und Drehzahl des Rotors entsprechend eingestellt werden. Die Frequenz auf der Kommutatorseite sei stets kleiner als die auf der Schleifringseite.

Wir wollen untersuchen, wie sich bei diesen Annahmen die vom Hauptfeld und Nebenschlußwendefeld in der kurzgeschlossenen Spule induzierte resultierende EMK verhält, wenn der Wert der Schleifringspannung und der Drehzahl des Rotors variiert werden. Die zwischen den Schleifringen des Umformers induzierte EMK ist gleich der Zahl der in Reihe geschalteten Windungen mal dem Wicklungsfaktor mal der in einer Windung induzierten EMK, der Transformator-EMK, die demnach stets der angelegten Spannung, bei der gemachten Annahme also auch der Frequenz auf der Kommutatorseite proportional ist. Ist diese wesentlich von Null verschieden, so können wir den Widerstand der Nebenschlußwendepolwicklung gegen deren Reaktanz vernachlässigen, der Wendefluß ist dann dem Verhältnis der Kommutatorspannung zur Kommutatorfrequenz proportional, d. h. er ist konstant. Demnach ist die von ihm in der kurzgeschlossenen Spule durch deren Rotation induzierte EMK nur der Drehzahl des Rotors proportional. Diese ist durch den Wert der Kreisfrequenz ω_2 auf der Kommutatorseite bestimmt. Es ist

$$\omega_2 = \omega_1 + \omega_r.$$

Einige zusammengehörige Werte von ω_2 und ω_r sind in der folgenden Tabelle angegeben:

$\omega_2 = 0$	$+0{,}5\,\omega_1$	$+\omega_1$	$-0{,}5\,\omega_1$	$-\omega_1$
$\omega_r = -\omega_1$	$-0{,}5\,\omega_1$	0	$-1{,}5\,\omega_1$	$-2\,\omega_1$

Die Werte $\omega_2 = +0{,}5\,\omega_1$ und $\omega_2 = -0{,}5\,\omega_1$ unterscheiden sich nur dadurch, daß in beiden Fällen das Feld im Raum sich im entgegengesetzten Sinn dreht.

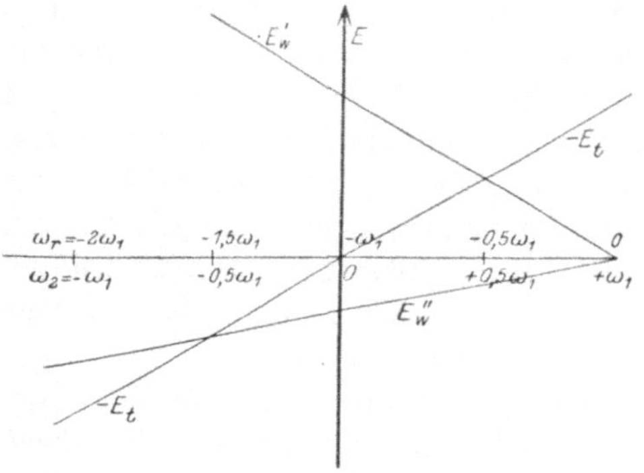

Fig. 13. Transformator-EMK (E_t) und EMK der Rotation im Nebenschlußwendefeld (E_w) bei Schaltung nach Fig. 14a.

Die von dem konstanten Wendefeld in der kurzgeschlossenen Spule induzierte EMK E_w, die der Drehzahl des Rotors, also ω_r, proportional ist, ist in Fig. 13 als Funktion der Kreisfrequenz ω_2 und der Winkelgeschwindigkeit ω_r aufgetragen, sie wird durch die Gerade E_w' dargestellt. Die der aufzuhebenden Transformator-EMK E_t entgegengesetzt gleiche EMK $= -E_t$ ist nach Voraussetzung der Kreisfrequenz ω_2 proportional und demnach durch die Gerade $-E_t$ gegeben. Dabei ist eine solche Bewicklung der Wendepole vorausgesetzt, daß die Spannungen E_w' und $-E_t$ bei $\omega_2 = +0,5\,\omega_1$ einander gleich sind.

Beim Übergang in das Gebiet links von der Ordinatenachse, in dem ω_1 und ω_2 verschiedene Vorzeichen haben, wechselt die EMK $-E_t$ ihr Vorzeichen, weil sich die Drehrichtung des Feldes im Raum ändert. Die EMKe E_w' und $-E_t$ sind in diesem Gebiet wesentlich voneinander verschieden. Setzen wir aber eine andere Bewicklung der Wendepole voraus, derart, daß die durch Rotation im Wendefeld induzierte EMK E_w nicht mehr durch die Gerade E_w', sondern durch die Gerade E_w'' dargestellt wird, so sind jetzt

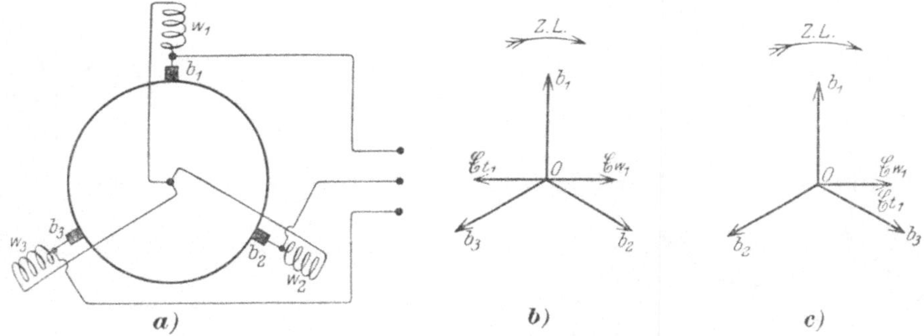

Fig. 14. Nebenschlußwendefeld.

die EMKe E_w und $-E_t$ bei $\omega_2 = -0,5\,\omega_1$ einander gleich, bei $\omega_2 = +0,5\,\omega_1$ sind sie dann aber voneinander verschieden und haben verschiedene Vorzeichen; die aus E_w und $+E_t$ resultierende EMK ist also größer als E_t. Bei gegebener Bewicklung der Nebenschlußwendepole ist also die Größe des Wendefeldes nur bei einer Drehzahl des Rotors richtig, solange die Wendepole von der vollen Kommutatorspannung gespeist werden. Wenn wir durch Transformierung der Kommutatorspannung die Spannung an den Wendepolen entsprechend regulieren, läßt sich natürlich für jede von 0 verschiedene Drehzahl der richtige Wert des Wendefeldes einstellen.

Wenn $\omega_r = 0$, also $\omega_2 = +\omega_1$ ist, ist das erforderliche Wendefeld unendlich groß, eine Aufhebung der Transformator-EMK ist gerade bei dem Betriebszustand unmöglich, bei dem sie am größten ist. Nach Voraussetzung hat ja bei $\omega_2 = \pm\omega_1$ die Schleifringspannung ihren maximalen Wert. Ist dagegen $\omega_2 = -\omega_1$, so behält das erforderliche Wendefeld einen endlichen Wert.

Infolge der Reaktanz der Wendepolwicklung eilt das Wendefeld der angelegten Spannung zeitlich 90^0 nach. Die aufzuhebende Transformator-EMK unter der Bürste b_1 (Fig. 14a) ist zeitlich in Phase mit der Klemmenspannung zwischen den Bürsten b_2 b_3; die durch Rotation im Wendefeld induzierte EMK ist in Phase mit diesem Feld. Damit die in den kurzgeschlossenen Spulen vom Hauptfeld und vom Wendefeld induzierten Spannungen phasengleich sind, sind die Wendepole w_1, w_2, w_3 nach Fig. 14a zu schalten.

In Fig. 14b und 14c stellen die 3 Vektoren Ob_1, Ob_2 und Ob_3 die Spannungen zwischen den Bürsten $b_1 b_2 b_3$ und dem Nullpunkt des Dreiphasensystems dar. Sind die Spannungen durch das Diagramm 14b gegeben, so dreht sich das Feld in Fig. 14a von b_1

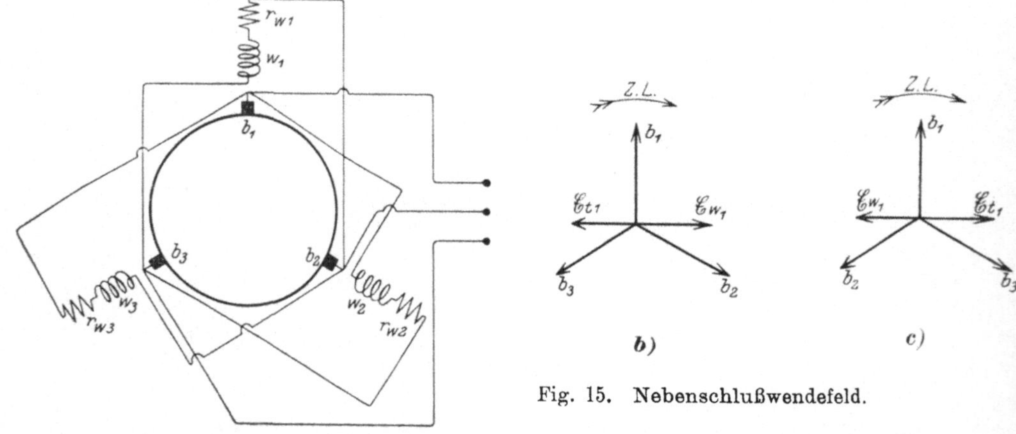

Fig. 15. Nebenschlußwendefeld.

über b_2 nach b_3, es ist ω_2 positiv. Das Diagramm Fig. 14c gilt für negatives ω_2. Die Transformator-EMK E_{t_1} unter der Bürste b_1, in Phase mit der Spannung zwischen den Bürsten $b_2 b_3$, ist gegeben durch den Vektor $\mathfrak{E}_{t_1}$, die durch Rotation im Nebenschlußwendefeld induzierte EMK E_{w_1}, die der Spannung Ob_1 90^0 nacheilt, ist gegeben durch $\mathfrak{E}_{w_1}$. Wenn also bei gegebener Bewicklung der Wendepole die Spannungen E_{w_1} und E_{t_1} bei positivem ω_2 in entgegengesetzten Richtungen wirken, so müssen sie sich bei negativem ω_2 addieren (vgl. Fig. 13).

Nähert sich die Frequenz auf der Kommutatorseite dem Wert Null, so darf der Widerstand der Wendepolwicklung nicht mehr gegenüber der Reaktanz vernachlässigt werden, die Kurven Fig. 13 gelten in der Nähe des Wertes $\omega_2 = 0$ nur angenähert. Der Widerstand bewirkt eine Verkleinerung des Wendeflusses und des zeitlichen Winkels zwischen Klemmenspannung und Fluß. Die Verkleinerung des Flusses wirkt günstig, da bei $\omega_2 = 0$ der Wendefluß Null sein sollte.

Schalten wir den Wendepolen so viel Widerstand r_w vor, daß der Einfluß der Reaktanz diesem gegenüber bei allen in Frage kommenden Frequenzen verschwindet, so ist das Wendefeld stets der angelegten Spannung (also auch ω_2) proportional und mit ihr in Phase. Die Wendepole sind also in dem Fall nach Fig. 15a zu schalten.

Für die Fig. 15b und 15c gelten die gleichen Bezeichnungen wie für die Fig. 14b und 14c. Die durch Rotation im Wendefeld induzierte EMK E_w ist hier aber stets in Phase mit der Spannung zwischen den Bürsten $b_2 b_3$. Wenn also für die Schaltung Fig. 15a die EMKe E_t und E_w bei positivem ω_2 in entgegengesetzten Richtungen wirken, wirken sie sich auch bei negativem ω_2 entgegen.

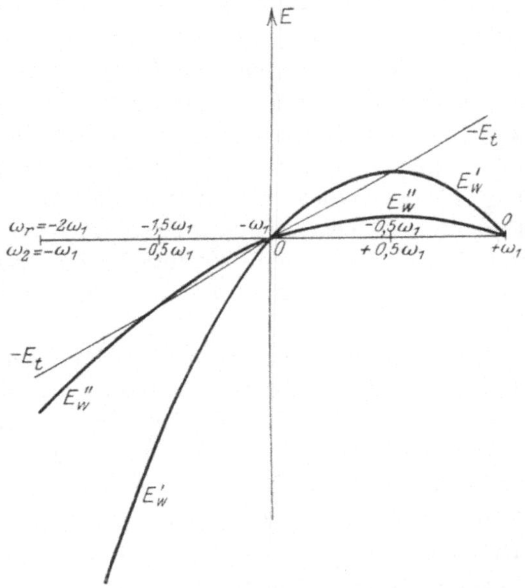

Fig. 16. Transformator-EMK (E_t) und EMK der Rotation im Nebenschlußwendefeld (E_w) bei Schaltung nach Fig. 15a.

Auch die Transformator-EMK E_t ist der Klemmenspannung proportional. Da aber die Drehzahl des Umformers variiert, sind die vom Wendefeld induzierte und die aufzuhebende EMK wieder nur bei einer bestimmten Drehzahl entgegengesetzt gleich.

In Fig. 16 ist die der aufzuhebenden Transformator-EMK entgegengesetzt gleiche EMK $-E_t$ wieder durch die Gerade $-E_t$ dargestellt.

Die vom Wendefeld induzierte EMK E_w ist der Stärke des Wendefeldes und der Drehzahl des Rotors proportional, sie ist also proportional $\omega_2 \cdot \omega_r$.

Einige zusammengehörige Werte von ω_2, ω_r und $\omega_2 \cdot \omega_r$ sind in der folgenden Tabelle zusammengestellt

$\omega_2 =$	0	$+0,5\,\omega_1$	$+\omega_1$	$-0,5\,\omega_1$	$-\omega_1$
$\omega_r =$	$-\omega_1$	$-0,5\,\omega_1$	0	$-1,5\,\omega_1$	$-2\,\omega_1$
$\omega_2 \cdot \omega_r =$	0	$-0,25\,\omega_1^2$	0	$+0,75\,\omega_1^2$	$+2\,\omega_1^2$.

Die dem Produkt $\omega_2 \cdot \omega_r$ proportionale EMK E_w ist demnach in Funktion von ω_2 durch eine Kurve nach Form der Kurven E_w in Fig. 16 dargestellt. Für die Kurve E_w' der Fig. 16 ist eine solche Bewicklung der Wendepole vorausgesetzt, daß die EMKe E_w und $-E_t$ bei $\omega_2 = +0{,}5\,\omega_1$ einander gleich sind.

Ändern wir die Bewicklung der Wendepole oder die die Wendepole speisende Spannung, so erhalten wir eine andere Kurve für E_w. Ist die EMK E_w z. B. durch die Kurve E_w'' dargestellt, so sind die EMKe E_w und $-E_t$ bei $\omega_2 = -0{,}5\,\omega_1$ einander gleich.

Da im allgemeinen die Erregung der Wendepole nicht nachreguliert werden kann, soll über einen möglichst großen Bereich der Drehzahl die resultierende in den Kurzschlußspulen induzierte EMK möglichst klein sein. In dieser Hinsicht gibt Schaltung Fig. 15 wesentlich günstigere Resultate als die Schaltung nach Fig. 14. Bei beiden Schaltungen erscheint es aus demselben Grund vorteilhaft, für ω_1 und ω_2 verschiedene Vorzeichen zu wählen, wobei ω_r, dem Zahlenwert nach, größer als ω_1 und ω_2 ist. Vgl. aber S. 65.

Bei belastetem Umformer verläuft bei sinusförmiger Netzspannung infolge des Spannungsabfalls, der nicht Sinus-Form hat (vgl. S. 47), die aufzuhebende Transformator-EMK nicht genau sinusförmig mit der Zeit. Die Spannung, die die Wendepole speist, verläuft zeitlich nicht nach der gleichen Funktion wie die Transformator-EMK. Deren genaue Kompensation ist also bei keiner Drehzahl möglich. Der Einfluß der Oberfelder auf die Kommutierung wurde schon auf S. 23 betrachtet.

6. Stromwärme und effektiver Widerstand des Umformers.

Infolge der Überlagerung des Schleifring- und des Kommutatorstromes in den einzelnen Wicklungsabschnitten des Rotors, die zudem ihre Größe beständig wechseln, variiert der Momentanwert des Stromwärmeverlusts nach einer komplizierten Funktion. Gesucht ist der Mittelwert dieses Verlustes, genommen über eine volle Umformungsperiode T, der zugleich zur Definition des effektiven Widerstandes des Rotors dient. Wir berücksichtigen nur die zeitliche Grundwelle der Ströme und vernachlässigen vorläufig auch den Magnetisierungsstrom.

a) Dreiphasenschaltung auf der Schleifring- und auf der Kommutatorseite.

Für den Fall der Schaltung Fig. 1a berechnen wir zunächst den Verlust in einem einzelnen Stab A, der um den Winkel γ

(Fig. 17) gegen die Anzapfung s_1 im positiven Drehsinn verschoben ist. γ kann jeden Wert zwischen 0 und 120^0 annehmen. $t = 0$ ist wieder der Zeitpunkt, an dem die Anzapfung s_1 unter der Bürste b_1 liegt. Der betrachtete Stab liegt unter b_1 zur Zeit $t_1 = -\frac{\gamma}{\omega_r}$; ω_r sei zunächst positiv. Wir bestimmen den Stromwärmeverlust während einer Umformungsperiode (vgl. S. 14) von der Dauer T, also in dem Zeitraume von $t = t_1$ bis $t = t_1 + T$, in dem der Rotor n volle Umdrehungen zurücklegt. Die Zerlegung des resultierenden Stromes in seine Einzelwellen führt zu schlecht konvergierenden Reihen. Einfacher leitet die folgende Überlegung zum Ziel:

Wir zerlegen den Zeitraum T in unendlich viele unendlich kleine Zeitelemente dt, die wir wieder in Gruppen von je $3\,n$ Elementen zusammenfassen. Jedem Zeitelement dt entspricht eine bestimmte Lage des Rotors. Die $3\,n$ Elemente einer Gruppe sind dadurch gekennzeichnet, daß die verschiedenen Lagen, die der Rotor an diesen $3\,n$ Zeitelementen einnimmt, gegeneinander je um ein ganzes Vielfaches von 120^0 verschoben sind. Wir erhalten auf diese Weise unendlich viele Gruppen. Während des ersten Zeitelements jeder Gruppe hat der Rotor, ausgehend von der Lage entsprechend der Zeit $t = t_1$, weniger als $^1/_3$ Umdrehung zurückgelegt, der betrachtete Stab liegt noch zwischen den Bürsten b_1 und b_2. Wir greifen eine dieser Lagen heraus, die zugehörige Zeit sei t.

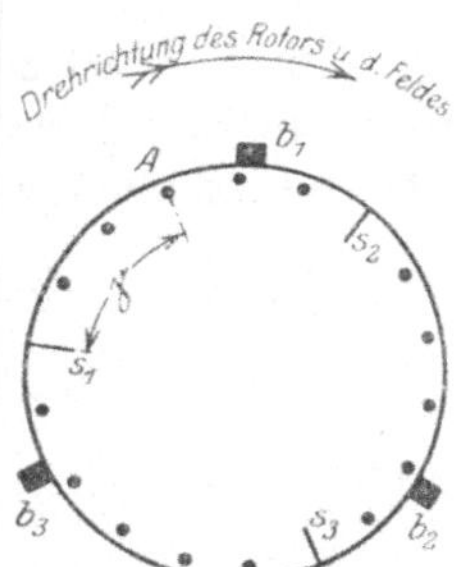

Fig. 17. Lage des Stabes A.

Es ist $t_1 < t < t_1 + \frac{2\pi}{3\omega_r}$. Der Schleifringstrom hat zur Zeit t in dem Abschnitt $s_1 s_2$, also auch im Stab A, den Wert

$$\bar{J} \cos(\omega_1 t + \beta);$$

der Kommutatorstrom hat im Abschnitt $b_1 b_2$, dem der Stab A zur Zeit t angehört, den Wert

$$-\bar{J} \cos(\omega_2 t + \beta).$$

Bei Beginn des 2. Zeitelements der gleichen Gruppe hat sich der Rotor aus der eben betrachteten Lage um $^1/_3$ Umdrehung gedreht, der Stab liegt zwischen den Bürsten $b_2 b_3$, die entsprechende Zeit ist $t + \frac{2\pi}{3\omega_r}$.

Der von der Schleifringseite zugeführte Strom hat jetzt den Wert

$$\bar{J} \cos\left[\omega_1 \left(t + \frac{2\pi}{3\omega_r}\right) + \beta\right] = \bar{J} \cos\left(\omega_1 t + \beta + \frac{2\pi}{3}\frac{\omega_1}{\omega_r}\right).$$

Der von der Kommutatorseite zugeführte Strom hat den Wert:

$$-\bar{J}\cos\left[\omega_2\left(t+\frac{2\pi}{3\omega_r}\right)+\beta-\frac{2\pi}{3}\right]$$

$$=-\bar{J}\cos\left[\omega_2 t+\beta+\frac{2\pi}{3}\left(\frac{\omega_2}{\omega_r}-\frac{\omega_r}{\omega_r}\right)\right]$$

$$=-\bar{J}\cos\left(\omega_2 t+\beta+\frac{2\pi}{3}\frac{\omega_1}{\omega_r}\right).$$

Die Winkelgrößen beider Ströme sind also um den gleichen Betrag $\frac{2\pi}{3}\frac{\omega_1}{\omega_r}=\varepsilon$ gestiegen.

Im b. Zeitelement der betreffenden Gruppe ist also der resultierende Strom im Stab A, der durch Überlagerung der beiden Ströme erhalten wird, gegeben durch:

$$\bar{J}\left\{\cos\left[\omega_1 t+\beta+(b-1)\varepsilon\right]-\cos\left[\omega_2 t+\beta+(b-1)\varepsilon\right]\right\} \quad (12)$$

b nimmt nacheinander alle ganzzahligen Werte zwischen 1 und $3n$ an. Der Stromwärmeverlust zur Zeit $t+(b-1)\frac{2\pi}{3\omega_r}$ ist demnach, wenn r den Widerstand des Stabes bezeichnet, gegeben durch:

$$v_{t,b}=r\bar{J}^2\left\{\cos[\omega_1 t+\beta+(b-1)\varepsilon]-\cos[\omega_2 t+\beta+(b-1)\varepsilon]\right\}^2$$

$$=r\bar{J}^2\, 4\sin^2\left[\frac{(\omega_1+\omega_2)t}{2}+\beta+(b-1)\varepsilon\right]\sin^2\left[\frac{(\omega_1-\omega_2)t}{2}\right]. \quad (13)$$

Der Mittelwert des Verlustes während sämtlicher Zeitelemente der betrachteten, der Zeit t zugeordneten Gruppe wird

$$v_t=r\bar{J}^2\, 4\sin^2\frac{(\omega_1-\omega_2)t}{2}\,\frac{1}{3n}\sum_{b=1}^{b=3n}\sin^2\left[\frac{(\omega_1+\omega_2)t}{2}+\beta+(b-1)\varepsilon\right].$$

Während $^1/_3$ Umdrehung des Rotors, also während der Zeit $\frac{2\pi}{3\omega_r}$, steigt, wie gezeigt, die Winkelgröße des Schleifring- und des Kommutatorstromes in dem betrachteten Stab um den Betrag ε. Während einer Umformungsperiode macht der Rotor n Umdrehungen, die Winkelgröße der Ströme steigt um $3n\varepsilon$. Nun müssen beide Ströme, nach Definition der Umformungsperiode, bei deren Ende den gleichen Wert haben wie bei deren Anfang, die Winkelgröße beider Ströme muß also um ein ganzes Vielfaches von 2π steigen. Also ist $3n\varepsilon$ ein ganzes Vielfaches von 2π. In diesem Falle ist aber allgemein die Summe

$$\sum_{b=1}^{b=3n} \sin^2 [\chi + (b-1)\varepsilon] = 1{,}5\, n^{1})$$

unabhängig vom Wert von χ.

Also wird

$$v_t = 2\,\bar{J}^2\, r \sin^2 \frac{(\omega_1 - \omega_2)t}{2}.$$

Der Mittelwert v des Verlustes während einer ganzen Umformungsperiode ist das Integral dieses Ausdrucks über die Zeit von $t = t_1$ bis $t = t_1 + \frac{2\pi}{3\omega_r}$, dividiert durch den Integrationszeitraum $\frac{2\pi}{3\omega_r}$. Denn da in der Ableitung der Verlust während jeder Gruppe von Zeitelementen dem ersten Element der Gruppe zugeordnet wurde, ist das Integral nicht über die volle Periode T zu erstrecken, sondern nur über die Zeit, die von den ersten Elementen aller Gruppen ausgefüllt wird. Es ist also

$$v = \frac{3\omega_r}{2\pi}\, 2\,\bar{J}^2\, r \int\limits_{t=-\frac{\gamma}{\omega_r}}^{t=-\frac{\gamma}{\omega_r}+\frac{2\pi}{3\omega_r}} \sin^2 \frac{(\omega_1 - \omega_2)t}{2}\, dt.$$

Berücksichtigt man noch, daß $(\omega_1 - \omega_2) = -\omega_r$ ist, so ergibt sich für v der Wert

$$v = \frac{\bar{J}^2}{2}\, r \left[2 - \frac{3\sqrt{3}}{\pi} \sin\left(\gamma + \frac{\pi}{6}\right)\right] \quad . \; . \; . \; . \quad (14)$$

Der Stromwärmeverlust ist also von der Drehzahl des Rotors unabhängig. Doch ist bei Stillstand des Umformers ($\omega_2 = \omega_1$, $\omega_r = 0$) die Formel 14 nicht mehr gültig. Denn ihre Ableitung beruht darauf, daß der einzelne Stab abwechselnd Ströme verschiedener Phase führt, was bei Stillstand nicht mehr zutrifft. In diesem Fall läßt sich aber der Verlust im Rotor ohne Schwierigkeit direkt ableiten, seine Größe hängt ab von der relativen Lage der zu den Schleifringen führenden Anzapfungen gegenüber den Bürsten. In Formel 14 ist ferner v unabhängig vom Winkel β. Dessen Wert wird bestimmt durch die Antriebsbedingungen des Umformers, die, im Sinne der elektrischen Vorgänge gesprochen, rein zufällig sind. Dagegen hängt der Verlust im einzelnen Stab, ebenso wie beim synchronen Einankerumformer, von der Lage des Stabes relativ zu den Anschlußpunkten der Schleifringe ab. v erreicht in Formel 14

[1]) Die Summe läßt sich zergliedern in n Gruppen von je 3 Summanden von der Form $\sin^2\alpha + \sin^2(\alpha + 120) + \sin^2(\alpha + 240) = 1{,}5$, unabhängig vom Wert von α.

den größten Wert für $\gamma = 0$ und $\gamma = 120^0$, wenn also der Stab unmittelbar neben einer Anzapfung liegt, und den kleinsten Wert für $\gamma = 60^0$, für die Lage in der Mitte zwischen 2 Anzapfungen.

Bestimmen wir v nicht nach seinem absoluten Wert, sondern in Prozenten des Verlustes, den ein sinusförmiger Strom vom Effektivwert $\frac{\overline{J}}{\sqrt{2}}$ im gleichen Stab erzeugen würde, so wird $v = 117{,}5\,\%$ dieses Verlustes für $\gamma = 0$ und $\gamma = 120^0$ und $35\,\%$ für $\gamma = 60^0$.

Die Ableitung gilt zunächst nur bei positivem ω_r. Ist ω_r negativ, so sind bei sonst gleichen Annahmen die von der Schleifringseite und von der Kommutatorseite zugeführten Ströme im ersten Zeitelement jeder Gruppe:

$$\overline{J}\cos(\omega_1 t + \beta) \quad \text{und} \quad -\overline{J}\cos\left(\omega_2 t + \beta - \frac{4\pi}{3}\right).$$

Denn der Stab liegt zwischen den Bürsten $b_1 b_3$. Da die fortschreitende Zeit stets positiv einzusetzen ist, ist die Zeitdauer von $^1/_3$ Umdrehung des Rotors $= -\frac{2\pi}{3\omega_r}$. Nach $^1/_3$ Umdrehung, im 2. Zeitelement der Gruppe, haben also die Ströme die Werte:

$$\overline{J}\cos\left[\omega_1\left(t - \frac{2\pi}{3\omega_r}\right) + \beta\right] = \overline{J}\cos\left(\omega_1 t + \beta - \frac{2\pi}{3}\frac{\omega_1}{\omega_r}\right)$$

und

$$-\overline{J}\cos\left[\omega_2\left(t - \frac{2\pi}{3\omega_r}\right) + \beta - \frac{4\pi}{3} + \frac{2\pi}{3}\right]$$

$$= -\overline{J}\cos\left(\omega_2 t + \beta - \frac{4\pi}{3} - \frac{2\pi}{3}\frac{\omega_1}{\omega_r}\right).$$

Der Verlust im b. Zeitelement der Gruppe ist also:

$$v_{t,b} = \overline{J}^2 r \left\{\cos\left[\omega_1 t + \beta - (b-1)\frac{2\pi}{3}\frac{\omega_1}{\omega_r}\right] - \cos\left[\omega_2 t + \beta - \frac{4\pi}{3} - (b-1)\frac{2\pi}{3}\frac{\omega_1}{\omega_r}\right]\right\}^2$$

$$v_t = 2\,\overline{J}^2 r \sin^2\left[\frac{(\omega_1 - \omega_2)t}{2} + \frac{2\pi}{3}\right]$$

$$v = -\frac{3\omega_r}{2\pi}\,2\,\overline{J}^2 r \int\limits_{t=-\frac{\gamma}{\omega_r}}^{t=-\frac{\gamma}{\omega_r}-\frac{2\pi}{3\omega_r}} \sin^2\left[\frac{(\omega_1 - \omega_2)t}{2} + \frac{2\pi}{3}\right] dt$$

$$v = \frac{\overline{J}^2}{2} r \left[2 - \frac{3\sqrt{3}}{\pi} \sin\left(\gamma + \frac{\pi}{6}\right) \right].$$

Formel 14 gilt also allgemein.

Der Verlust V in der ganzen Rotorwicklung ergibt sich durch Summierung der Verluste in den einzelnen Stäben. Bezeichnet $\Delta\gamma$ den Winkel zwischen zwei benachbarten Stäben und R den Widerstand von $^1/_3$ der Rotorwicklung, so gilt

$$r = R \frac{\Delta\gamma}{\frac{2\pi}{3}}.$$

Damit wird

$$V = 3 \sum_{\gamma=0}^{\gamma=\frac{2\pi}{3}} \frac{\overline{J}^2}{2} R \, 3 \frac{\Delta\gamma}{2\pi} \left[2 - \frac{3\sqrt{3}}{\pi} \sin\left(\gamma + \frac{\pi}{6}\right) \right].$$

Bei Annahme unendlich vieler Stäbe ($\Delta\gamma = d\gamma$) geht die Summe in das Integral über

$$V = 3 \frac{\overline{J}^2}{2} R \int_{\gamma=0}^{\gamma=\frac{2\pi}{3}} \left[\frac{3}{\pi} \cdot d\gamma - \frac{9\sqrt{3}}{2\pi^2} \sin\left(\gamma + \frac{\pi}{6}\right) d\gamma \right]$$

$$V = 3 \frac{\overline{J}^2}{2} R \left(2 - \frac{27}{2\pi^2} \right) = 0{,}63 \cdot 3 \frac{\overline{J}^2}{2} R \quad . \quad . \quad . \quad . \quad (15)$$

V beträgt also nur 63% des Verlustes, den der Strom vom Effektivwert $\frac{\overline{J}}{\sqrt{2}}$ erzeugen würde.

Bedeutet N die Stabzahl der Wicklung und a die Zahl der parallelen Ankerzweige, so wird

$$R = r \frac{N}{3} \frac{1}{a^2}$$

$$V = 0{,}63 \frac{\overline{J}^2}{2} \frac{N}{a^2} r \quad . \quad . \quad . \quad . \quad . \quad . \quad . \quad (15\text{a})$$

Wird der vom Netz kommende Strom über die Bürsten des Kommutators statt über die Schleifringe zugeführt, so ist doch die Stromverteilung im Rotor die gleiche wie oben, solange der Magnetisierungsstrom vernachlässigt wird, Gleichung 15 gilt auch hier.

Beim synchronen Einankerumformer sind die Stromwärmeverluste im Rotor bei gegebenem Effektivwert des Wechselstroms noch abhängig von der Phasenverschiebung zwischen Strom und Spannung.

Beim (asynchronen) Frequenzumformer ist dies nicht der Fall. Dieser Unterschied rührt daher, daß der wattlose Strom des synchronen Umformers stets zugleich Magnetisierungsstrom ist, der des Frequenzumformers dagegen nicht. Der Magnetisierungsstrom des Frequenzumformers, den wir bisher vernachlässigt haben, ist aber auf die Verluste ebenfalls von Einfluß, wie die folgende Rechnung zeigt:

Die Netzspannung liege an den Schleifringen. Der Magnetisierungsstrom eilt der Spannung um annähernd 90^0 nach. Der über die Schleifringe zugeführte Arbeitsstrom ist gegen die Spannung um höchstens 90^0 verschoben, je nach Art der Belastung im Sinne der Voreilung oder der Nacheilung. Der resultierende Schleifringstrom eilt also dem Arbeitsstrom um einen Winkel nach, der alle Werte zwischen 0^0 und 180^0 haben kann. Der Kommutatorstrom sei wieder

$$-\bar{J}\cos(\omega_2 t + \beta).$$

Dann ist der gesamte Schleifringstrom bei Berücksichtigung des Magnetisierungsstromes gegeben durch

$$l\bar{J}\cos(\omega_1 t + \beta - \lambda).$$

l ist also definiert als Quotient: $\dfrac{\text{Maximalwert des Gesamtstromes}}{\text{Maximalwert des Arbeitsstromes}}$

l ist größer als 1, solange der Kommutatorstrom seiner Spannung nicht stark voreilt. λ ist dem Zahlenwert nach gleich dem Winkel der Phasenverschiebung zwischen Arbeitsstrom und Gesamtstrom. λ hat stets das gleiche Vorzeichen wie ω_1, denn nur dann bedeutet $-\lambda$ eine Phasenverschiebung im Sinne der Nacheilung.

Der resultierende Strom hat also den Wert

$$\bar{J}[l\cos(\omega_1 t + \beta - \lambda) - \cos(\omega_2 t + \beta)].$$

Liegt die Netzspannung am Kommutator, so hat der resultierende Strom den Wert

$$\bar{J}[m\cos(\omega_2 t + \beta - \mu) - \cos(\omega_1 t + \beta)].$$

Für m und μ gelten die entsprechenden Definitionen wie für l und λ. Drehen sich der Rotor und das Feld im Raum im entgegengesetzten Sinne, oder läuft bei gleicher Drehrichtung der Rotor langsamer als das Feld, so eilt der Magnetisierungsstrom der Spannung nach, μ hat gleiches Vorzeichen wie ω_2. Wenn aber bei gleicher Drehrichtung von Rotor und Feld im Raum der Rotor sich schneller dreht als das Feld, wenn er übersynchron läuft, eilt der Magnetisierungsstrom der Spannung vor[1]), μ hat entgegengesetztes

[1]) Gehen wir von konstanter Drehzahl des Feldes im Raum aus, so eilt bei stillstehendem Rotor die aufgedrückte Spannung dem Feld, also auch dem

Vorzeichen wie ω_2. Bei übersynchronem Lauf haben auch ω_1 und ω_2 verschiedenes Vorzeichen, bei untersynchronem Lauf gleiches, μ hat also stets das Vorzeichen von ω_1.

Um die Speisung des Rotors von der Schleifringseite aus und die von der Kommutatorseite aus gleichzeitig zu behandeln, setzen wir den Strom gleich

$$\overline{J}\,[l\cos(\omega_1 t+\beta-\lambda)+m\cos(\omega_2 t+\beta-\mu)] \quad . \; . \quad (16)$$

Zur Bestimmung des Stromwärmeverlustes im einzelnen Stab zerlegen wir die Umformungsperiode wieder in unendlich viele Zeitelemente, die wir in Gruppen von je $3n$ Gliedern zusammenfassen. Im b. Zeitelement jeder Gruppe hat der Verlust bei positivem ω_r den Wert

$$v_{t,b}=r\overline{J}^2\{l\cos[\omega_1 t+\beta-\lambda+(b-1)\varepsilon]$$
$$+m\cos[\omega_2 t+\beta-\mu+(b-1)\varepsilon]\}^2,$$

wobei $\varepsilon=\frac{2\pi}{3}\frac{\omega_1}{\omega_r}$ ist.

Wir formen diesen Ausdruck um und bilden den Mittelwert des Verlustes während sämtlicher Zeitelemente einer Gruppe. Wir erhalten dadurch den Ausdruck:

$$\begin{aligned}
v_t=r\overline{J}^2\{&l^2[\cos^2(\omega_1 t+\beta-\lambda)A+\sin^2(\omega_1 t+\beta-\lambda)B\\
&\quad-2\sin(\omega_1 t+\beta-\lambda)\cos(\omega_1 t+\beta-\lambda)C]\\
&+m^2[\cos^2(\omega_2 t+\beta-\mu)A+\sin^2(\omega_2 t+\beta-\mu)B\\
&\quad-2\sin(\omega_2 t+\beta-\mu)\cos(\omega_2 t+\beta-\mu)C]\\
&+2lm[\cos(\omega_1 t+\beta-\lambda)\cos(\omega_2 t+\beta-\mu)A\\
&\quad+\sin(\omega_1 t+\beta-\lambda)\sin(\omega_2 t+\beta-\mu)B\\
&\quad-\cos(\omega_1 t+\beta-\lambda)\sin(\omega_2 t+\beta-\mu)C\\
&\quad-\sin(\omega_1 t+\beta-\lambda)\cos(\omega_2 t+\beta-\mu)C]\}.
\end{aligned}$$

Darin bedeutet:

$$A=\frac{1}{3n}\sum_{b=1}^{b=3n}\cos^2(b-1)\varepsilon=0{,}5$$

Magnetisierungsstrom, um 90° vor. Wenn sich der Rotor selbst im Sinne des Feldes dreht, wird die Relativgeschwindigkeit des Feldes gegen den Rotor und damit auch die induzierte EMK kleiner. Wird die Drehzahl des Rotors so weit gesteigert, daß er schneller als das Feld läuft, so bewegt sich das Feld relativ zum Rotor im entgegengesetzten Sinne wie bisher, die induzierte EMK wechselt ihr Vorzeichen, die aufgedrückte Spannung eilt dem Magnetisierungsstrom nicht mehr 90° vor, sondern 90° nach.

$$B = \frac{1}{3n} \sum_{b=1}^{b=3n} \sin^2 (b-1)\varepsilon = 0{,}5$$

$$C = \frac{1}{3n} \sum_{b=1}^{b=3n} \cos (b-1)\varepsilon \sin (b-1)\varepsilon = 0.$$

Also ist

$$v_t = r\bar{J}^2 \left\{0{,}5\ l^2 + 0{,}5\ m^2 + lm \cos\left[(\omega_1 - \omega_2)t - \lambda + \mu\right]\right\}.$$

Der Mittelwert des gesamten Verlustes im Stab ergibt sich zu

$$v = \frac{3\omega_r}{2\pi}\, r \frac{\bar{J}^2}{2} \int\limits_{t=-\frac{\gamma}{\omega_r}}^{t=-\frac{\gamma}{\omega_r}+\frac{2\pi}{3\omega_r}} \{l^2 + m^2 + 2\,lm \cos\left[(\omega_1 - \omega_2)t - \lambda + \mu\right]\}\, dt$$

$$= r\frac{\bar{J}^2}{2}\left[l^2 + m^2 + \frac{3\sqrt{3}}{\pi}\, lm \sin\left(\gamma + \frac{\pi}{6} - \lambda + \mu\right)\right] \quad . \; . \; . \; (17)$$

Bei negativem ω_r ergibt sich das gleiche Resultat, die Rechnung sei übergangen. Für $l = -m = 1$ und $\lambda = \mu = 0$ geht Gleichung 17 über in Gleichung 14. Bei Berücksichtigung des Magnetisierungsstromes ergibt sich also nach Gleichung 17 der Verlust im einzelnen Stab, wenn die Netzspannung an den Schleifringen anliegt ($m = -1$, $\mu = 0$) zu

$$v = \frac{r\bar{J}^2}{2}\left[1 + l^2 - \frac{3\sqrt{3}}{\pi}\, l \sin\left(\gamma + \frac{\pi}{6} - \lambda\right)\right].$$

und wenn sie am Kommutator anliegt ($l = -1$, $\lambda = 0$), zu

$$v = \frac{r\bar{J}^2}{2}\left[1 + m^2 - \frac{3\sqrt{3}}{\pi}\, m \sin\left(\gamma + \frac{\pi}{6} + \mu\right)\right].$$

Der Stab, in dem der Verlust am kleinsten ist, liegt jetzt nicht mehr in der Mitte zwischen zwei Anzapfungen, sondern er hat sich, bei Speisung des Rotors über die Schleifringe, verschoben im Sinne der Rotation des Feldes relativ zum Rotor. Diese Erscheinung folgt auch aus dem Stromdiagramm Fig. 18a.

Es seien J_{sI}, J_{sII}, J_{sIII} die Arbeitskomponenten der in der Wicklung des Umformers fließenden Schleifringströme. Ihre positive Richtung sei gegeben durch die Richtung $s_1\, s_2\, s_3$. Die entsprechenden verketteten Ströme sind J_{s1}, J_{s2}, J_{s3}. Die Stromrichtung von den Schleifringen zum Rotor sei als positiv definiert. Es ist also $\mathfrak{J}_{s1} = \mathfrak{J}_{sIII} - \mathfrak{J}'_{sII}$ (Fig. 5). Die Drehrichtung des Rotors ist beliebig, das Feld drehe sich relativ zum Rotor in der positiven Richtung.

Die Stäbe neben den zu den Schleifringen führenden Anzapfungen haben deswegen erhöhte Verluste, weil sie zeitweise den vollen verketteten Arbeitsstrom führen (vgl. S. 10). Über diesen Strom lagert sich nun noch der im Rotor fließende Magnetisierungsstrom und beeinflußt die Verluste. Er sei pro Phase gegeben durch J_{eI}, J_{eII}, J_{eIII}. Solange der Magnetisierungsstrom dem Arbeitsstrom nacheilt, eilt auch der resultierende Strom im Rotor ($\mathfrak{J}_{sI} + \mathfrak{J}_{eI}$ usw.) dem Arbeitsstrom nach, der Winkel der Phasenverschiebung sei wieder mit λ bezeichnet.

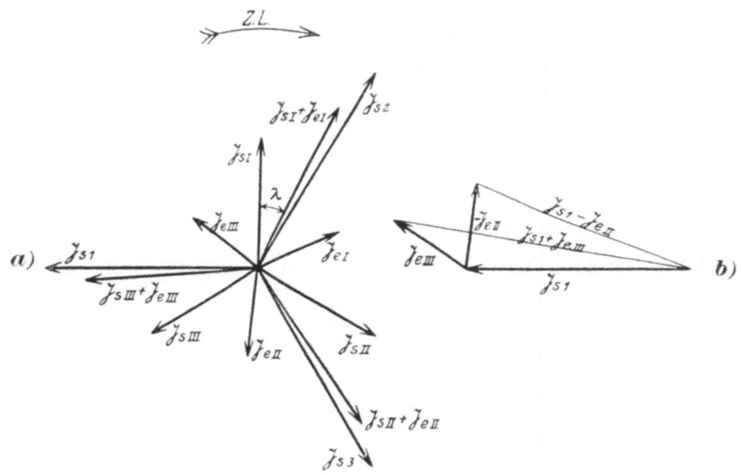

Fig. 18. Überlagerung der Ströme in den Stäben neben einer Anzapfung.

Ein Stab neben der Anzapfung s_1 wird dann vom vollen verketteten Arbeitsstrom durchflossen, wenn er zwischen der Anzapfung und einer ihr unmittelbar benachbarten Bürste liegt. Liegt der Stab gegen die Anzapfung im positiven Drehsinn verschoben, also im Abschnitt $s_1 s_2$, so liegt er in dem Augenblick, in dem er vom verketteten Arbeitsstrom durchflossen ist, gegen die Bürsten im negativen Drehsinn verschoben. Ein Arbeitsstrom, der von dem Schleifring über den Stab zur Bürste fließt, der nach Definition positiv gerichtet ist, durchfließt also den Stab in der Richtung von s_1 nach s_2, d. h. im Sinn des positiven Magnetisierungsstromes. Der maximale Strom, den der Stab in der betrachteten Lage führen kann, ist also gegeben durch die Strecke $\mathfrak{J}_{s1} + \mathfrak{J}_{eIII}$ (Fig. 18b).

Liegt der Stab gegenüber der Anzapfung s_1 im positiven Drehsinn zurück, also im Abschnitt $s_3 s_1$, so wird er, wenn er unmittelbar zwischen einer Bürste und einer Anzapfung liegt, von einem positiven verketteten Arbeitsstrom in der entgegengesetzten Richtung wie oben durchflossen, also auch entgegengesetzt der Richtung des positiven Magnetisierungsstromes. Der maximale Strom, den der Stab führen kann, ist demnach bestimmt durch die Strecke $\mathfrak{J}_{s1} - \mathfrak{J}_{eII}$ (Fig. 18b), er ist kleiner als in dem zuerst betrachteten Fall, solange $\lambda > 0$ ist. Dann ist aber auch die Stromwärme in dem Stab kleiner, als wenn er gegen die Anzapfung s_1 im positiven Drehsinn verschoben ist. Es hat also auch im Abschnitt $s_1 s_2$ der Stab bei s_2 kleinere Verluste als der bei s_1, demnach liegt der Stab des kleinsten Verlustes näher bei s_2 als bei s_1. Dreht sich das Feld relativ zum Rotor in negativer Richtung, so gilt das entgegengesetzte Resultat.

Wird der Rotor über den Kommutator gespeist, so liegt der Stab, in dem der Verlust am kleinsten ist, aus der Mitte verschoben entgegengesetzt der Drehrichtung des Feldes relativ zum Rotor.

Solange l und m größer sind als 1, ist der maximale und der minimale in einem Stab auftretende Verlust größer, als er es ohne Magnetisierungsstrom wäre.

Der gesamte mittlere Verlust im Rotor ergibt sich durch Integration zu

$$V = \frac{\bar{J}^2}{2}\left(1 + l^2 - \frac{27}{2\pi^2}\, l \cos\lambda\right)\frac{N}{a^2}\, r$$

und

$$V = \frac{\bar{J}^2}{2}\left(1 + m^2 - \frac{27}{2\pi^2}\, m \cos\mu\right)\frac{N}{a^2}\, r \qquad \ldots (18)$$

Auch der gesamte Verlust ist für l oder $m > 1$ infolge der Berücksichtigung des Magnetisierungsstromes größer geworden (vgl. Gl. 15a), er ist aber bei sonst gleichen Verhältnissen unabhängig davon, von welcher Seite aus der Rotor gespeist wird.

b) Dreiphasenschaltung auf der Schleifringseite, Sechsphasenschaltung auf der Kommutatorseite.

Um für die Schaltung nach Fig. 11 die Stromwärme, zunächst im einzelnen Stab, zu bestimmen, zerlegen wir die Umformungsperiode wieder in unendlich viele Zeitelemente, die wir aber hier in Gruppen von je **6 n** Gliedern zusammenfassen. Im ersten Zeitelement jeder Gruppe, zur Zeit t, hat der resultierende Strom im betrachteten Stab, wenn wir den Magnetisierungsstrom zunächst vernachlässigen, den Wert

$$\bar{J}\cos(\omega_1 t + \beta) - \frac{\sqrt{3}}{2}\,\bar{J}\cos\left(\omega_2 t + \beta + \frac{\pi}{6}\right) \text{ (vgl. Gl. 7 u. 11).}$$

Bei Berücksichtigung des Magnetisierungsstroms geht dieser Ausdruck über in

$$l\bar{J}\cos(\omega_1 t+\beta-\lambda)+\frac{\sqrt{3}}{2}m\bar{J}\cos\left(\omega_2 t+\beta+\frac{\pi}{6}-\mu\right),$$

l, m, λ, μ haben die gleiche Bedeutung wie oben; die Gleichung gilt in dieser Form allgemein, unabhängig davon, an welcher Seite die Netzspannung anliegt. Nach $^1/_6$ Umdrehung, zur Zeit $t+\frac{2\pi}{6\omega_r}$ (bei positivem ω_r), hat der Strom den Wert

$$l\bar{J}\cos\left(\omega_1 t+\frac{2\pi}{6}\frac{\omega_1}{\omega_r}+\beta-\lambda\right)+\frac{\sqrt{3}}{2}m\bar{J}\cos\left(\omega_2 t+\frac{2\pi}{6}\frac{\omega_2}{\omega_r}+\beta+\frac{\pi}{6}-\mu-\frac{\pi}{3}\right)$$

$$=l\bar{J}\cos\left(\omega_1 t+\beta-\lambda+\frac{2\pi}{6}\frac{\omega_1}{\omega_r}\right)+\frac{\sqrt{3}}{2}m\bar{J}\cos\left(\omega_2 t+\beta+\frac{\pi}{6}-\mu+\frac{2\pi}{6}\frac{\omega_1}{\omega_r}\right).$$

Die Winkelgrößen beider Ströme sind also wieder um den gleichen Betrag $\frac{2\pi}{6}\frac{\omega_1}{\omega_r}$ gestiegen.

Der weitere Verlauf der Ableitung ist der gleiche wie in dem zuletzt behandelten Beispiel, doch tritt an Stelle von $3n$ die Größe $6n$.

Der Verlust im einzelnen Stab ergibt sich zu

$$v=r\frac{\bar{J}^2}{2}\left[l^2+\frac{3}{4}m^2+\frac{3\sqrt{3}}{\pi}l\,m\sin\left(\frac{\pi}{6}+\gamma-\lambda+\mu\right)\right] \quad . \quad (19)$$

Für $l=-m=1$ und $\lambda=\mu=0$ ist er also wieder am größten in den Stäben, die unmittelbar neben einer Anzapfung liegen, und beträgt 92% des Verlustes, den der Strom vom Effektivwert $\frac{\bar{J}}{\sqrt{2}}$ im gleichen Widerstand erzeugen würde. In dem Stab, der in der Mitte zwischen zwei Anzapfungen liegt, beträgt er nur noch 10% dieses Verlustes.

Der gesamte Verlust im Rotor ist

$$V=0{,}38\frac{\bar{J}^2}{2}\frac{N}{a^2}r, \quad . \; . \; . \; . \; . \; . \; . \; . \; . \quad (20)$$

also nur noch 38% des Verlustes, den ein über die Schleifringe zugeführter Dreiphasenstrom vom Effektivwert $\frac{\bar{J}}{\sqrt{2}}$ allein erzeugen würde.

Der Magnetisierungsstrom beeinflußt das Resultat in ähnlicher Weise wie in der zuerst behandelten Schaltung. Berücksichtigen wir ihn, so wird der Verlust im einzelnen Stab, bei Speisung des Rotors von der Schleifringseite aus

$$v = r\frac{\bar{J}^2}{2}\left[\frac{3}{4} + l^2 - \frac{3\sqrt{3}}{\pi} l \sin\left(\frac{\pi}{6} + \gamma - \lambda\right)\right] \quad . \; . \; . \quad (21)$$

und bei Speisung von der Kommutatorseite aus

$$v = r\frac{\bar{J}^2}{2}\left[1 + \frac{3}{4} m^2 - \frac{3\sqrt{3}}{\pi} m \sin\left(\frac{\pi}{6} + \gamma + \mu\right)\right] \quad . \; . \quad (22)$$

Der Stab, in dem der Verlust am kleinsten ist, liegt wieder nicht mehr in der Mitte zwischen zwei Anzapfungen. Im Gegensatz zur Dreiphasenschaltung auf Schleifring- und Kommutatorseite hängt hier der gesamte Verlust davon ab, von welcher Seite der Rotor gespeist wird. Legen wir einmal an die Schleifringseite und einmal an die Kommutatorseite Spannungen von solcher Größe, daß der Induktionsfluß in beiden Fällen der gleiche ist, so ist infolge des günstigeren Wicklungsfaktors der Magnetisierungsstrom im zweiten Fall $\frac{\sqrt{3}}{2}$ mal kleiner als im ersten, d. h., es ist $l = m$, da die Arbeitsströme auch im Verhältnis $1 : \frac{\sqrt{3}}{2}$ stehen. Setzen wir nun in Gl. 22 $m = l$ und $\mu = \lambda$, so lehrt der Vergleich mit Gl. 21, daß, solange $l > 1$ ist, der Verlust bei Speisung von der Kommutatorseite aus kleiner ist.

Der Verlust im ganzen Rotor wird, wenn die Netzspannung an den Schleifringen anliegt,

$$V = \frac{\bar{J}^2}{2}\left[\frac{3}{4} + l^2 - \frac{27}{2\pi^2} l \cos\lambda\right]\frac{N}{a^2} r \quad . \; . \; . \; . \quad (23\text{a})$$

und wenn sie am Kommutator anliegt

$$\frac{\bar{J}^2}{2}\left[1 + \frac{3}{4} m^2 - \frac{27}{2\pi^2} m \cos\mu\right]\frac{N}{a^2} r \quad . \; . \; . \; . \quad (23\text{b})$$

c) Sechsphasenschaltung auf der Schleifring- und auf der Kommutatorseite.

Schließlich betrachten wir noch die Anordnung Fig. 10, wo Schleifringseite und Kommutatorseite sechsphasig geschaltet sind. Wir zerlegen die Umformungsperiode wieder in unendlich viele Zeitelemente, die wir in Gruppen von je $6n$ Gliedern zusammenfassen. Der resultierende Strom im ersten Zeitelement jeder Gruppe hat bei Berücksichtigung des Magnetisierungsstromes allgemein den Wert

$$l\bar{J}\cos(\omega_1 t + \beta - \lambda) + m\bar{J}\cos(\omega_2 t + \beta - \mu).$$

Die Ableitung ist der in den bisher betrachteten Fällen analog und führt zu den folgenden Resultaten:

Der Verlust im einzelnen Stab hat den Wert

$$v = \frac{\bar{J}^2}{2} r \left[l^2 + m^2 + \frac{6}{\pi} l m \sin\left(\frac{\pi}{3} + \gamma - \lambda + \mu\right)\right] \quad . \quad . \quad (24)$$

Bei Vernachlässigung des Magnetisierungsstromes geht die Formel über in

$$v = \frac{\bar{J}^2}{2} r \left[2 - \frac{6}{\pi} \sin\left(\frac{\pi}{3} + \gamma\right)\right].$$

Der Verlust ist wieder am kleinsten in dem Stab in der Mitte zwischen zwei Anzapfungen, die hier nur 60° voneinander entfernt liegen. Sein Wert beträgt nur noch 10% des Verlustes, den der Strom $\frac{\bar{J}}{\sqrt{2}}$ im gleichen Widerstand verursachen würde. Der größte Verlust tritt in den Stäben unmittelbar neben einer Anzapfung auf und beträgt noch 34% des entsprechenden Verlustes beim Strom $\frac{\bar{J}}{\sqrt{2}}$.

Der gesamte mittlere Verlust im Rotor ist

$$V = \frac{\bar{J}^2}{2} \left[l^2 + m^2 + \frac{18\, l m}{\pi^2} \cos(-\lambda + \mu)\right] \frac{N}{a^2} r \quad . \quad . \quad (25)$$

Bei Vernachlässigung des Magnetisierungsstromes beträgt er noch 17% des entsprechenden Verlustes beim Strom $\frac{\bar{J}}{\sqrt{2}}$. Der Einfluß des Magnetisierungsstromes zeigt sich hier in gleicher Weise wie bei beidseitiger Dreiphasenschaltung.

Schaltung	Stromwärmeverlust im Stab neben einer Anzapfung %	Stromwärmeverlust im Stab mitten zwischen zwei Anzapfungen %	Stromwärmeverlust im ganzen Rotor %
Dreiphasenschaltung auf Schleifring- und Kommutatorseite .	117,5	35	63
Dreiphasenschaltung auf Schleifringseite, Sechsphasenschaltung auf Kommutatorseite . .	92	10	38
Sechsphasenschaltung auf Schleifring- und Kommutatorseite .	34	10	17

In der vorstehenden Tabelle sind die Stromwärmeverluste für die verschiedenen Schaltungen, bei Vernachlässigung des Magnetisierungsstromes, zusammengestellt. Die Verluste sind wieder in Prozenten der entsprechenden Verluste bei sinusförmigem Strom vom Maximalwert $\overline{J}$ angegeben.

7. Momentanwert des Spannungsabfalls im Umformer.

Der momentane Wert der Stromwärme und der des Spannungsabfalls, der durch den Ohmschen Widerstand erzeugt wird, variieren nach einer Funktion, die aus den bisherigen Rechnungen nicht hervorgeht. Wir gehen jetzt dazu über, sie zu bestimmen. Der hierbei beschrittene Weg erlaubt auch, den momentanen Wert des induktiven Spannungsabfalls im Rotor zu berechnen; aus diesem ergibt sich der Wert der effektiven Reaktanz des Umformers, der nach der in Kap. 6 angewendeten Methode nicht zu ermitteln ist. Wir führen die Ermittlung des Ohmschen und des induktiven Abfalls getrennt durch.

a) Momentanwert des Ohmschen Spannungsabfalls.

Der Spannungsabfall im Umformer sei auf die folgende Weise definiert: Ein mit streng konstanter Größe und Gestalt umlaufendes magnetisches Feld, das zwischen den Schleifringen EMKe induziert, die der aufgedrückten Spannung entgegengesetzt gleich sind, induziert zwischen den Bürsten des Kommutators EMKe anderer Frequenz, aber gleicher Größe und Kurvenform, solange wir Widerstand und Reaktanz vernachlässigen. Das wirkliche Feld ändert aber infolge der Oberfelder ständig Größe und Gestalt; ferner hat der Rotor Widerstand und Reaktanz. Infolgedessen hat die Kommutatorspannung in jedem Augenblick einen andern Wert, als sie ihn bei den zuerst gemachten Annahmen hätte. Den Momentanwert der Differenz zwischen beiden Spannungen bezeichnen wir als Spannungsabfall. Der Einfluß der Oberfelder wird im folgenden vernachlässigt, vorläufig auch der der Reaktanz. Schleifring- und Kommutatorstrom seien sinusförmig, der Magnetisierungsstrom sei gleich Null. Der Umformer sei nach Fig. 5 geschaltet. Der Widerstand des Wicklungsabschnittes zwischen zwei benachbarten Anzapfungen sei R. $t = 0$ ist wieder der Zeitpunkt, an dem die Anzapfungen $s_1\, s_2\, s_3$ unter den Bürsten $b_1\, b_2\, b_3$ liegen. Betrachten wir (Fig. 5) den Stromkreis vom Netz zur Anzapfung s_1, über $^1/_3$ der Rotorwicklung zur Anzapfung s_2 und zum Netz zurück, so muß in diesem Stromkreis die Summe aller EMKe und Spannungen gleich Null sein. Bei widerstandslosem Umformer wäre die zwischen $s_1\, s_2$ induzierte EMK der aufgedrückten Spannung entgegengesetzt gleich. Infolge des Widerstands der Wicklung ändert sich die vom Drehfeld zwischen

$s_1 s_2$ induzierte EMK um den Betrag des Spannungsabfalls, den der resultierende Strom des Umformers im Abschnitt $s_1 s_2$ hervorruft. Dieser Spannungsabfall ist natürlich nicht identisch mit dem oben definierten gesamten Spannungsabfall im Umformer, eine Änderung der zwischen $s_1 s_2$ induzierten EMK bedingt aber auch eine Änderung der Klemmenspannung zwischen den Bürsten des Kommutators. Wir haben für die induzierte EMK und damit auch für die Klemmenspannung zwischen den Bürsten des Kommutators die gleiche Richtung als positiv definiert wie für die zwischen den Schleifringen aufgedrückte Spannung und für den Schleifring- und Kommutatorstrom.

In dem Abschnitt $s_1 s_2$ vom Widerstand R fließe zunächst nur der Strom $\mathfrak{J}$. Die zwischen $s_1 s_2$ aufgedrückte Spannung sei $\mathfrak{P}$ und die in diesem Abschnitt induzierte EMK sei $\mathfrak{E}$. Dann lautet bei der gegebenen Definition für die Vorzeichen die Spannungsgleichung für den Abschnitt $s_1 s_2$

$$\mathfrak{P} + \mathfrak{E} - \mathfrak{J} R = 0.$$

Bei Vernachlässigung des Ohmschen Spannungsabfalls sei die induzierte EMK gleich $\mathfrak{E}_0$; in dem Fall lautet die Spannungsgleichung

$$\mathfrak{P} + \mathfrak{E}_0 = 0.$$

Der durch den Widerstand bewirkte Abfall der induzierten EMK ist also gleich

$$\mathfrak{E}_0 - \mathfrak{E} = -\mathfrak{P} + \mathfrak{P} - \mathfrak{J} R = -\mathfrak{J} R.$$

Der Strom hat aber nicht in allen Stäben des Abschnittes $s_1 s_2$ den gleichen Wert. Der Widerstand des Stückes $b_1 s_1 = b_2 s_2$ der Wicklung ist zur Zeit t, wobei $0 < t < \frac{2\pi}{3\omega_r}$, bei positivem ω_r

$$R \frac{t}{\frac{2\pi}{3\omega_r}} = 3R(c_2 - c_1)t;$$

dabei ist $c_1 = \frac{\omega_1}{2\pi}$ und $c_2 = \frac{\omega_2}{2\pi}$.

Der Widerstand des Abschnittes $s_1 b_2$ ist

$$R[1 - 3(c_2 - c_1)t].$$

Der Spannungsabfall zwischen $s_1 s_2$ ist also gleich

$$\begin{aligned} \varDelta e_{s_1 s_2} &= -R[1 - 3(c_2 - c_1)t]\bar{J}[\cos(\omega_1 t + \beta) - \cos(\omega_2 t + \beta)] \\ &\quad - 3R(c_2 - c_1)t\bar{J}\left[\cos(\omega_1 t + \beta) - \cos\left(\omega_2 t + \beta - \frac{2\pi}{3}\right)\right] \\ &= -R\bar{J}[\cos(\omega_1 t + \beta) - \cos(\omega_2 t + \beta)] \\ &\quad - 3\sqrt{3}R(c_2 - c_1)t\bar{J}\cos\left(\omega_2 t + \beta + \frac{\pi}{6}\right) \quad \ldots \ldots \quad (26) \end{aligned}$$

Infolge des Faktors t, der im zweiten Summanden auftritt, verläuft der Spannungsabfall zwischen $s_1 s_2$ nicht sinusförmig mit der Zeit. Der Spannungsabfall in den Abschnitten $s_2 s_3$ und $s_3 s_1$ hat den entsprechenden Wert, die Winkelgrößen der einzelnen Stromkomponenten sind kleiner als oben um $\frac{2\pi}{3}$ und $\frac{4\pi}{3}$. Das durch die aufgedrückte Spannung erzwungene Drehfeld hat also im betrachteten Augenblick einen andern Wert, als es ihn ohne Spannungsabfall hätte, derart, daß die Differenz der beiden Felder allein eine EMK gleich dem oben bestimmten Spannungsabfall (Gl. 26) induzieren würde. Es muß also auch die zwischen den Bürsten vom Drehfeld induzierte EMK sich von der EMK, die bei widerstandslosem Rotor bestünde, unterscheiden um den Betrag, den das Differenzfeld allein zwischen den Bürsten induziert. Die Bürsten liegen zur Zeit t gegenüber den Schleifringen um den Winkel $\omega_r t$ zurück. Das Differenzfeld ist ebenfalls ein Drehfeld und hat, da wir alle Oberfelder vernachlässigen, sinusförmige Gestalt. Wenn es zur Zeit t zwischen den Schleifringen EMKe von der Form

$$a \cos \alpha t, \qquad a \cos\left(\alpha t - \frac{2\pi}{3}\right), \qquad a \cos\left(\alpha t - \frac{4\pi}{3}\right)$$

induziert, so muß es gleichzeitig zwischen den gegen die Schleifringe um den Winkel $\omega_r t$ verschobenen Bürsten, unabhängig vom Wert von α, EMKe der Form

$$a \cos(\alpha t + \omega_r t), \qquad a \cos\left(\alpha t + \omega_r t - \frac{2\pi}{3}\right), \qquad a \cos\left(\alpha t + \omega_r t - \frac{4\pi}{3}\right)$$

induzieren. Wir erhalten also die zur Zeit t zwischen $b_1 b_2$ vom Differenzfeld induzierte EMK, die gleich ist dem durch den Widerstand des Umformers bewirkten Abfall der zwischen $b_1 b_2$ vom wirklichen Drehfeld induzierten EMK, wenn wir zu allen Winkelgrößen der Gl. 26 den Wert $\omega_r t = (\omega_2 - \omega_1) t$ addieren. Diese EMK ist also:

$$\Delta e_{b_1 b_2} = - R \bar{J} \{\cos(\omega_2 t + \beta) - \cos[(2\omega_2 - \omega_1) t + \beta]\}$$
$$- 3\sqrt{3} R (c_2 - c_1) t \bar{J} \cos\left[(2\omega_2 - \omega_1) t + \beta + \frac{\pi}{6}\right]. \quad (27)$$

Wäre die Klemmenspannung zwischen $b_1 b_2$ identisch mit der zwischen $b_1 b_2$ induzierten EMK, so wäre Gl. 27 schon der gesuchte Ausdruck für den resultierenden Spannungsabfall im Umformer. Die Klemmenspannung ist aber kleiner als die induzierte EMK um den Betrag des vom resultierenden Strom im Abschnitt $b_1 b_2$ verursachten Spannungsabfalls. Ein positiver Strom, der den Abschnitt $b_1 b_2$ durchfließt, bewirkt eine Verkleinerung der Klemmenspannung gegen die induzierte EMK. Die Differenz zwischen beiden Spannungen bedeutet einen weiteren Abfall der Klemmenspannung $b_1 b_2$

$$
\begin{aligned}
&= 3 R (c_2 - c_1) t \bar{J}\left[-\cos(\omega_2 t + \beta) + \cos\left(\omega_1 t + \beta + \frac{2\pi}{3}\right)\right] \\
&+ R[1 - 3(c_2 - c_1)t]\bar{J}[-\cos(\omega_2 t + \beta) + \cos(\omega_1 t + \beta)] \\
&= R\bar{J}[-\cos(\omega_2 t + \beta) + \cos(\omega_1 t + \beta)] \\
&- 3\sqrt{3}(c_2 - c_1) t R \bar{J} \cos\left(\omega_1 t + \beta - \frac{\pi}{6}\right) \quad \ldots\ldots \quad (28)
\end{aligned}
$$

Der gesamte Abfall der Klemmenspannung zwischen den Bürsten $b_1 b_2$ infolge des Widerstands des Rotors ist gleich der Summe der Abfälle Gl. 27 und 28, er ist also

$$
\begin{aligned}
\Delta p_{b_1 b_2} = &- 2 R \bar{J} \cos(\omega_2 t + \beta) + R\bar{J}\cos(\omega_1 t + \beta) \\
&+ R\bar{J}\cos[(2\omega_2 - \omega_1) t + \beta] \\
&- 3\sqrt{3} R (c_2 - c_1) t \bar{J}\left\{\cos\left(\omega_1 t + \beta - \frac{\pi}{6}\right)\right. \\
&\left.+ \cos\left[(2\omega_2 - \omega_1) t + \beta + \frac{\pi}{6}\right]\right\} \quad \ldots\ldots\ldots \quad (29)
\end{aligned}
$$

Bei sinusförmiger Schleifringspannung verläuft also infolge des Spannungsabfalls[1] die Kommutatorspannung nicht mehr sinusförmig, infolgedessen wird auch, bei konstantem, zwischen den Bürsten eingeschaltetem Belastungswiderstand, der Kommutator- und der Schleifringstrom, entgegen unserer Annahme, nicht mehr sinusförmig sein. Sinusförmiger Strom läßt sich aber dadurch erreichen, daß wir entweder den Belastungswiderstand oder die Schleifringspannung nach einem entsprechenden Gesetz variieren lassen.

Die Ableitung gilt zunächst nur für eine Zeit $t = t_1 < \frac{2\pi}{3\omega_r}$. Zu dieser Zeit ist die Anzapfung s_1 um den Winkel $\omega_r t_1$ gegen b_1 verschoben. Wir bestimmen nun noch den Wert des Abfalls der Klemmenspannung zwischen $b_1 b_2$ zur Zeit $t_2 = t_1 + \frac{2\pi}{3\omega_r}(b - 1)$, wobei b eine beliebige, aber ganze Zahl ist. Zu dieser Zeit hat der Rotor aus der der Zeit t_1 entsprechenden Lage $(b-1)$ mal $\frac{1}{3}$ Umdrehungen zurückgelegt, es ist wieder eine Anzapfung gegen die Bürste b_1 um den gleichen Winkel wie oben verschoben. Welche der drei Anzapfungen dies ist, hängt ab vom Wert von b. Der Widerstand des Wicklungsabschnittes von der Bürste b_1 bis zu dieser Anzapfung ist demnach wieder $3R(c_2 - c_1) t_1$.

[1]) Über den Einfluß der Oberfelder auf die Kurvenform der Kommutatorspannung vgl. S. 21.

Der von der Schleifringseite aus zugeführte Strom zwischen den beiden Anzapfungen, die den Bürsten b_1 und b_2 im positiven Drehsinn folgen, ist

$$\bar{J}\cos\left[\omega_1 t_2+\beta+(b-1)\frac{2\pi}{3}\right]=\bar{J}\cos\left[\omega_1 t_1+\beta+(b-1)\frac{2\pi}{3}\left(\frac{\omega_1}{\omega_r}+1\right)\right].$$

Der Spannungsabfall zwischen diesen beiden Anzapfungen ist demnach:

$$\left.\begin{aligned}\varDelta e_{ss}=&-R\bar{J}\left\{\cos\left[\omega_1 t_1+\beta+(b-1)\frac{2\pi}{3}\left(\frac{\omega_1}{\omega_r}+1\right)\right]\right.\\&\left.-\cos\left[\omega_2 t_1+\beta+(b-1)\frac{\omega_2}{\omega_r}\frac{2\pi}{3}\right]\right\}\\&-3\sqrt{3}R(c_2-c_1)\,t_1\,\bar{J}\cos\left(\omega_2 t_1+\beta+\frac{\pi}{6}+(b-1)\frac{\omega_2}{\omega_r}\frac{2\pi}{3}\right)\end{aligned}\right\}\quad(30)$$

Da $\omega_1+\omega_r=\omega_2$ ist, sind gegenüber der Gl. 26, die für den Zeitpunkt $t=t_1$ gilt, alle Winkelgrößen um den gleichen Betrag $(b-1)\frac{\omega_2}{\omega_r}\frac{2\pi}{3}=(b-1)\,\zeta$ gestiegen.

Den Abfall in der zwischen den Bürsten $b_1 b_2$ induzierten EMK finden wir wieder, wenn wir alle Winkelgrößen der Gl. 30 um den Betrag $\omega_r t_1$ vergrößern.

Der Spannungsverlust, den der resultierende Strom im Abschnitt $b_1 b_2$ verursacht, ist

$$\left.\begin{aligned}&R\bar{J}\left\{-\cos\left[\omega_2 t_1+\beta+(b-1)\frac{\omega_2}{\omega_r}\frac{2\pi}{3}\right]\right.\\&\left.+\cos\left[\omega_1 t_1+\beta+(b-1)\frac{2\pi}{3}\left(\frac{\omega_1}{\omega_r}+1\right)\right]\right\}\\&-3\sqrt{3}(c_2-c_1)\,t_1\,R\bar{J}\cos\left[\omega_1 t_1+\beta-\frac{\pi}{6}\right.\\&\left.+(b-1)\frac{2\pi}{3}\left(\frac{\omega_1}{\omega_r}+1\right)\right]\end{aligned}\right\}\quad\text{Vgl. Gl. 28.}$$

Der Abfall der Klemmenspannung zwischen $b_1 b_2$ ergibt sich also zu

$$\left.\begin{aligned}\varDelta p_{b_1 b_2}=&-2R\bar{J}\cos\left[\omega_2 t_1+\beta+(b-1)\zeta\right]+R\bar{J}\cos\left[\omega_1 t_1+\beta\right.\\&\left.+(b-1)\zeta\right]+R\bar{J}\cos\left[(2\omega_2-\omega_1)t_1+\beta+(b-1)\zeta\right]\\&-3\sqrt{3}R(c_2-c_1)\,t_1\bar{J}\left\{\cos\left[\omega_1 t_1+\beta-\frac{\pi}{6}+(b-1)\zeta\right]\right.\\&\left.+\cos\left[(2\omega_2-\omega_1)t_1+\beta+\frac{\pi}{6}+(b-1)\zeta\right]\right\}\end{aligned}\right\}\quad(31)$$

Gegenüber Gl. 29 sind sämtliche Winkelgrößen um den gleichen Betrag $(b-1)\zeta$ gestiegen.

Bei negativem ω_r ist der Widerstand des Wicklungsabschnitts $b_1 s_1$ zur Zeit t, da die fortschreitende Zeit positiv sein muß, gegeben durch

$$+R\frac{t}{-\frac{2\pi}{3\omega_r}} = -R\,3\,(c_2 - c_1)\,t$$

und der des Abschnitts $s_1 b_3$ ist

$$R\,[1 + 3\,(c_2 - c_1)\,t].$$

Die weitere Ableitung ist der früheren analog und führt zu dem Resultat:

$$\left.\begin{aligned} \Delta p_{b_1 b_2} = & -2\,R\bar{J}\cos(\omega_2 t + \beta) + R\bar{J}\cos(\omega_1 t + \beta) \\ & + R\bar{J}\cos[(2\,\omega_2 - \omega_1)\,t + \beta] \\ & + 3\sqrt{3}\,R\,(c_2 - c_1)\,t\bar{J}\left\{\cos\left(\omega_1 t + \beta + \frac{\pi}{6}\right)\right. \\ & \left. + \cos\left[(2\,\omega_2 - \omega_1)\,t + \beta - \frac{\pi}{6}\right]\right\} \end{aligned}\right\} \qquad (32)$$

Multiplizieren wir den momentanen Wert des Abfalls der Klemmenspannung zwischen $b_1 b_2$ mit dem Momentanwert des Stromes, der in diesem Abschnitt fließt, so muß der Mittelwert dieses Ausdrucks, genommen über eine Umformungsperiode, den mittleren Stromwärmeverlust in $^1/_3$ der Rotorwicklung ergeben. Da diese Rechnung später noch öfter angewendet wird, sei ihr Gang kurz erläutert. Der Spannungsabfall in Funktion der Zeit stellt eine unstetige Funktion dar. Das Integral, das zur Bestimmung des Mittelwertes führt, wäre deshalb in $3n$ Glieder zu zerlegen, wobei n wieder die Zahl der Umdrehungen des Rotors während einer Umformungsperiode ist. Einfacher kommen wir zum Ziel, wenn wir die unendlich vielen Summanden, aus denen das Integral besteht, derart in unendlich viele Gruppen zusammenfassen, daß all die Summanden, die einer Zeit t $\left(\text{wobei } 0 < t < \frac{2\pi}{3\omega_r}\right)$, $t + \frac{2\pi}{3\omega_r}, \ldots t + (3n - 1)\frac{2\pi}{3\omega_r}$ entsprechen, einer Gruppe angehören.

Die einzelne Gruppe hat also die Form (vgl. Gl. 31):

$$\begin{aligned} \sum_{b=1}^{b=3n} -\bar{J}\Big\{ & 2\,R\cos[\omega_2 t + \beta + (b-1)\zeta] - R\cos[\omega_1 t + \beta + (b-1)\zeta] \\ & - R\cos[(2\,\omega_2 - \omega_1)\,t + \beta + (b-1)\zeta] \\ & + 3\sqrt{3}\,R\,(c_2 - c_1)\,t\Big(\cos\left[\omega_1 t + \beta - \frac{\pi}{6} + (b-1)\zeta\right] \\ & + \cos\left[(2\,\omega_2 - \omega_1)\,t + \beta + \frac{\pi}{6} + (b-1)\zeta\right]\Big)\Big\} \\ & \times\{-\bar{J}\cos[\omega_2 t + \beta + (b-1)\zeta]\}. \end{aligned}$$

Dieser Ausdruck ist zu integrieren, und zwar wieder nicht über die ganze Umformungsperiode, sondern über die Zeit von $t=0$ bis $t=\frac{2\pi}{3\omega_r}$. Die Division durch die Zeit der Umformungsperiode gleich $n\frac{2\pi}{\omega_r}$ ergibt den mittleren Verlust in dem Abschnitt $b_1 b_2$ zu

$$\frac{\bar{J}^2 R}{2}\left(2-\frac{27}{2\pi^2}\right)=0{,}63\frac{\bar{J}^2}{2}R. \qquad \text{(Vgl. Gl. 15)}$$

Der Gang der Rechnung ist im einzelnen dem im 6. Abschnitt ähnlich. Der Verlust im einzelnen Stab ist nach dieser Methode nicht zu bestimmen.

Dagegen läßt sich damit auch die Aufgabe lösen, die Kurve des Spannungsabfalls zwischen den Kommutatorbürsten, die sich nach jeder Umformungsperiode wiederholt, in ihre Einzelwellen zu zerlegen. Die Welle der Frequenz $\frac{\omega_2}{2\pi}$, die mit dem Strom $-\bar{J}\cos(\omega_2 t+\beta)$ in Phase ist, ist schon bestimmt. Denn nur diese kann mit dem rein sinusförmigen Strom $-\bar{J}\cos(\omega_2 t+\beta)$ eine Leistung ergeben.

Diese Leistung ist aber $0{,}63\frac{\bar{J}^2}{2}R$, also ist die Welle gleich $-0{,}63\,R\bar{J}\cos(\omega_2 t+\beta)$. Um die Oberwelle von der Frequenz $\nu\cdot c_2$ zu bestimmen, wäre die Leistung der Ströme $-\bar{J}\cos(\nu\omega_2 t+\beta)$ und $-\bar{J}\cos\left(\nu\omega_2 t+\beta-\frac{\pi}{2}\right)$ mit dem Spannungsabfall zu berechnen.

Eine Oberwelle von der Form $a\bar{J}R\sin(\omega_2 t+\beta)$ ist, wie die Rechnung ergibt, nicht vorhanden.

b) Momentanwert des induktiven Spannungsabfalls; effektive Reaktanz des Umformers.

Gehen wir nun zur Bestimmung des induktiven Spannungsabfalls über, so müssen wir uns zunächst darüber klar werden, welcher Teil des gesamten, mit den einzelnen Leitern verketteten Induktionsflusses als Streufluß anzusehen ist. Daß die Beantwortung dieser Frage Schwierigkeiten bietet, zeigt ein Vergleich mit dem Induktions- oder Kommutatormotor, bei dem im Stator und Rotor je eine Wicklung angeordnet ist. Um für diesen bei gegebener Stromverteilung den gesamten Induktionsfluß zu ermitteln, bestimmen wir am einfachsten zunächst die resultierende Durchflutung des Stator- und des Rotorstromes. Infolge der Verlegung der Wicklung in Nuten hat die Kurve, die den Wert der Durchflutung längs des Ankerumfangs darstellt, unstetigen Verlauf. Wir zerlegen sie in ihre Einzelwellen. Es treten dabei Einzelwellen hoher Ordnung von verhältnismäßig großer Amplitude auf, deren Wellenlänge von der Größenordnung der Nutenteilung ist.

Bestimmen wir alle Oberfelder, die von den einzelnen Wellen der Durchflutung des Stator- und Rotorstromes erregt werden, so ist darin auch der Teil des Flusses inbegriffen, der oft als doppelt verketteter Streufluß bezeichnet wird.

Nicht berücksichtigt sind dabei aber all die Kraftlinien, die nur mit einer der beiden Wicklungen verkettet sind, die reinen Streulinien; sie wären demnach besonders zu bestimmen.

Solche Streuflüsse treten beim Frequenzumformer aber überhaupt nicht auf, weil hier primäre und sekundäre Wicklung dieselben Windungen enthalten. Alle Streulinien sind jedenfalls doppelt

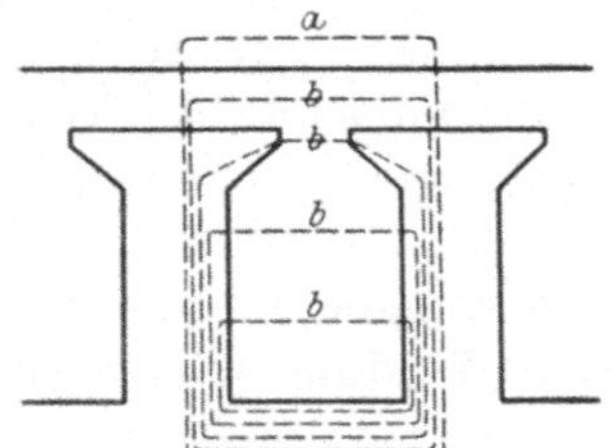

Fig. 19. Streufluß einer Nut.

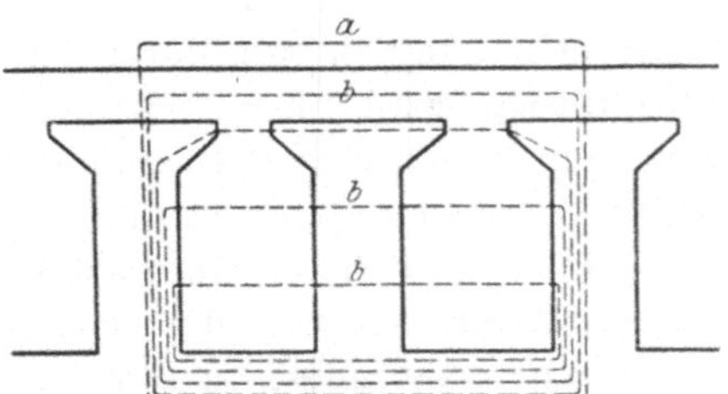

Fig. 20. Streufluß zweier Nuten gleicher Durchflutung.

verkettet. Bestimmen wir außer dem Hauptfeld, wie auf S. 20 angedeutet, sämtliche Oberfelder, so liegt die Annahme nahe, daß damit der gesamte Fluß, also auch der Teil des Flusses, der sich zwischen den Zahnköpfen über den Luftspalt schließt, berücksichtigt ist. Diese Annahme ist falsch. Denn wenn wir aus der Kurve der Durchflutung das Feld bestimmen, berücksichtigen wir prinzipiell nur die Kraftlinien, die den Luftraum senkrecht durchdringen (Kurve a der Fig. 19, vgl. S. 24). Die Linien, die nach Art der Kurven b (Fig. 19) verlaufen, werden dabei vernachlässigt und sind getrennt zu berechnen; wir bezeichnen sie als Streulinien und die von ihnen induzierte EMK als EMK der Streureaktanz. Ein wesentlicher Unterschied zwischen den Kraftlinien nach Art der Kurven a und b ergibt sich, wenn zwei Nuten gleicher Durchflutung nebeneinander liegen. Die Linien umschlingen dann nicht jede Nut für sich, sondern beide Nuten zusammen (Fig. 20), wobei sie mit der doppelten Durchflutung verkettet sind. Bei Vernachlässigung des magnetischen Widerstandes im Eisen findet aber der Induktionsfluß, der nach Kurve a der Fig. 20 verläuft, bei Verkettung mit zwei Nuten den gleichen Widerstand wie bei Verkettung mit einer Nut; wenn er zwei Nuten umschlingt, ist also der mit der einzelnen Windung verkettete Fluß doppelt so stark wie bei Umschlingung einer Nut. Für die Kraftlinien, die nach den Kurven b verlaufen, wächst der magnetische Widerstand annähernd proportional der Zahl der umschlungenen Nuten; die im einzelnen Stab induzierte EMK ist also bei sonst gleichen Verhältnissen von der Zahl der Nuten gleicher Durchflutung unabhängig, wir können die Reaktanzspannung eines Wicklungsabschnittes, längs dessen die Durchflutung konstanten Wert hat, der Länge dieses Abschnittes proportional setzen.

Bei dreiphasig gespeistem Rotor mit Durchmesserschritt, bei dem stets zwei übereinander liegende Stäbe einer Nut Ströme verschiedener Phase führen, wird ein Teil des Streuflusses nur von dem Strom eines Stabes erzeugt, er ist also mit diesem in Phase; es ist dies der Fluß in der unteren Hälfte der Nut. Auch der Fluß um eine Stirnverbindung ist mit deren Strom in Phase. Der übrige Teil des Streuflusses wird aber erzeugt durch das Zusammenwirken von Strömen verschiedener Phase, er ist also phasengleich der geometrischen Summe dieser Ströme.

Doch wird dieser Unterschied, wenigstens annähernd, dadurch ausgeglichen, daß von den zwei Stäben einer Windung stets einer oben und einer unten in der Nut liegt.

Wir setzen deshalb den gesamten Streufluß einer Nut dem resultierenden momentanen Stromvolumen dieser Nut proportional.

Es bedeute:

a die Zahl der parallelen Ankerzweige,
s_n die Zahl der Stäbe pro Nut,
Z die Nutenzahl,
$N = s_n Z$ die gesamte Stabzahl,
$s_n l_i \lambda_n$ den Streufluß, der mit der Nut verkettet ist, wenn in jedem Stab der Strom 1 Ampere fließt.

Berücksichtigen wir zunächst nur den über die Schleifringe zugeführten Strom $\bar{J}\cos(\omega_1 t + \beta)$, so ist der Streufluß einer Nut

$$\frac{s_n}{2} l_i \lambda_n \frac{\bar{J}}{a}\left[\cos(\omega_1 t + \beta) - \cos\left(\omega_1 t + \beta \pm \frac{2\pi}{3}\right)\right]$$
$$= s_n l_i \lambda_n \frac{\bar{J}}{a}\frac{\sqrt{3}}{2}\cos\left(\omega_1 t + \beta \mp \frac{\pi}{6}\right).$$

Zwischen einer Anzapfung und dem um 60^0 davon entfernten Punkt liegen $\frac{s_n Z}{6a}$ Stäbe in Serie, also ist die EMK der Streuinduktion zwischen diesen Punkten:

$$e = -\left(\frac{s_n}{a}\right)^2 \frac{Z}{12} l_i \lambda_n \frac{d}{dt}\left[\sqrt{3}\,J \cos\left(\omega_1 t + \beta \mp \frac{\pi}{6}\right)\right] 10^{-8}$$

$$e = -\left(\frac{N}{a}\right)^2 \frac{1}{12 Z} l_i \lambda_n \frac{d}{dt}\left[\sqrt{3}\,\mathfrak{J} \cos\left(\omega_1 t + \beta \mp \frac{\pi}{6}\right)\right] 10^{-8}$$

$$e = -S \frac{d}{dt}\left[\sqrt{3}\,\mathfrak{J} \cos\left(\omega_1 t + \beta \mp \frac{\pi}{6}\right)\right],$$

wobei

$$S = \left(\frac{N}{a}\right)^2 \frac{1}{12 Z} l_i \lambda_n 10^{-8} \quad \text{. . . . . (33)}$$

ist. S ist also der Streuinduktionskoeffizient des Wicklungsabschnittes zwischen zwei um 60^0 voneinander entfernten Punkten. Als Strom ist die geometrische Summe der Ströme von zwei übereinander liegenden Stäben einzusetzen.

Wird diese Summe vorübergehend mit $\mathfrak{J}$ bezeichnet, bedeutet ferner $\mathfrak{P}$ die dem betrachteten Wicklungsabschnitt aufgedrückte Spannung und $\mathfrak{E}$ die in ihm vom Hauptfeld induzierte EMK, so lautet die Spannungsgleichung für den betrachteten Wicklungsabschnitt (vgl. S. 45)

$$\mathfrak{P} + \mathfrak{E} - S \frac{d\mathfrak{J}}{dt} = 0.$$

Bedeutet noch $\mathfrak{E}_0$ die vom Hauptfeld induzierte EMK bei Vernachlässigung der Streureaktanz, so lautet die Gleichung

$$\mathfrak{P} + \mathfrak{E}_0 = 0.$$

Der durch die Streureaktanz verursachte Spannungsabfall ist also

$$\mathfrak{E}_0 - \mathfrak{E} = -S \frac{d\mathfrak{J}}{dt}.$$

Beim Frequenzumformer ist die resultierende Durchflutung der einzelnen Nuten gegeben als geometrische Summe der sich überlagernden Schleifring- und Kommutatorströme. Der Magnetisierungsstrom werde vernachlässigt. Die Durchflutungen der beiden Ströme stellen zwei Sechsphasensysteme dar, die sich räumlich gegeneinander bewegen. In Fig. 21a zeigen die beiden äußeren Ringe den Kommutatorstrom in der oberen und in der unteren Schicht der einzelnen Wicklungsabschnitte, die beiden inneren Ringe zeigen den Schleifringstrom[1]).

---

[1]) Die Punkte $s_1' s_2' s_3' b_1' b_2' b_3'$ bezeichnen die Stellen des Ankerumfangs, an denen in den Stäben der unteren Schicht der Wicklung Ströme verschiedener Phase zusammenstoßen. Bei Durchmesserwicklung, die in den folgenden Betrachtungen vorausgesetzt ist, sind die Punkte $s_1' s_2' s_3'$ usw. gegen die Punkte $s_1\, s_2\, s_3$ usw. um je 180^0 verschoben.

Die resultierenden Durchflutungen in den einzelnen Abschnitten $b_1 s_3'$, $s_3' b_3'$ usw. sind gegeben durch die Projektion des Linienzuges ABC usw. der Fig. 21 b auf die Zeitlinie, die mit der Geschwindigkeit ω_2 rotiert, wobei aber die Punkte $BDFHKM$ selbst mit der Geschwindigkeit ω_r rotieren. In einem gegebenen Zeit-

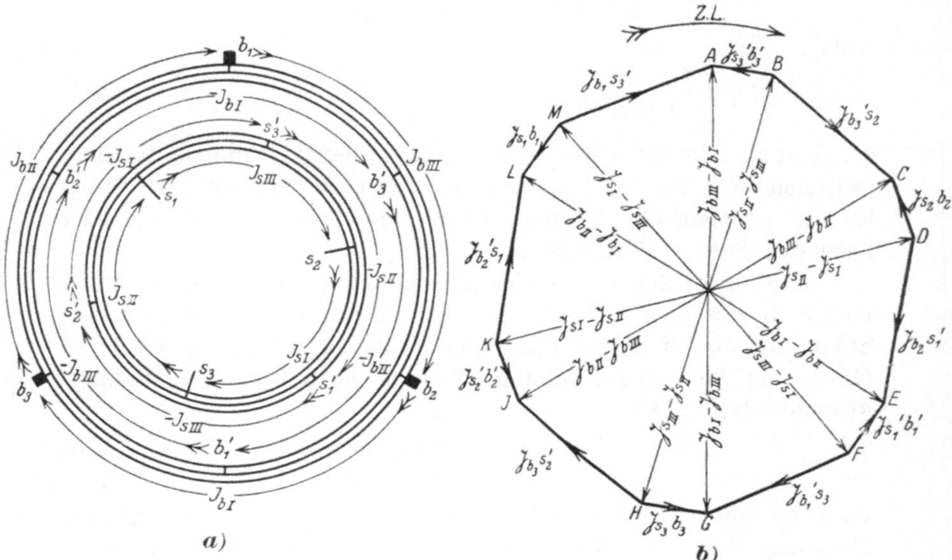

Fig. 21. Überlagerung der Ströme im Umformer bei Trommelwicklung mit Durchmesserschritt. ($\mathfrak{J}_{b_1 s_3'}$ = resultierender Strom im Abschnitt $b_1 s_3'$.)

punkt hat die Durchflutung innerhalb des Abschnittes $s_1 s_2$ 4 verschiedene Werte. Die Komponente des gesamten Stromvolumens von 2 übereinander liegenden Stäben, die von dem über die Schleifringe zugeführten Strom bedingt ist, ist in den einzelnen Abschnitten der Wicklung den folgenden Ausdrücken proportional:

$$\text{zwischen } s_1 s_3'\text{:}\quad \sqrt{3}\cos\left(\omega_1 t + \beta + \frac{\pi}{6}\right)$$

$$\text{zwischen } s_3' s_2\text{:}\quad \sqrt{3}\cos\left(\omega_1 t + \beta - \frac{\pi}{6}\right)$$

$$\text{zwischen } s_2 s_1'\text{:}\quad \sqrt{3}\cos\left(\omega_1 t + \beta - \frac{3\pi}{6}\right) \text{ usw.}$$

Die Komponente, die von dem über die Bürsten zugeführten Strom herrührt, ist proportional:

$$\text{zwischen } b_1 b_3': \; -\sqrt{3}\cos\left(\omega_2 t + \beta + \frac{\pi}{6}\right)$$

$$\text{zwischen } b_3' b_2: \; -\sqrt{3}\cos\left(\omega_2 t + \beta - \frac{\pi}{6}\right) \text{ usw.}$$

In Fig. 22a ist für einen Zeitpunkt t, wobei $0 < t < \frac{2\pi}{6\omega_r}$ ist, die relative Lage der Anzapfungen zu den Bürsten eingezeichnet. Es ist ferner außerhalb des Kreises, der die Wicklung andeutet, die Winkelgröße der resultierenden Durchflutung des Kommutatorstromes in jedem Abschnitt (für $\beta = 0$) angegeben, innerhalb des Kreises die des Schleifringstromes. Fig. 22b zeigt die entsprechenden Werte für einen Zeitpunkt zwischen $t = \frac{2\pi}{6\omega_r}$ und $t = \frac{2\pi}{3\omega_r}$. Ein Vergleich beider Figuren lehrt, daß sich z. B. im Abschnitt $b_1 b_3'$ während der Zeit von $t = 0$ bis $t = \frac{2\pi}{6\omega_r}$ andere Ströme überlagern als während der Zeit von $t = \frac{2\pi}{6\omega_r}$ bis $t = \frac{2\pi}{3\omega_r}$.

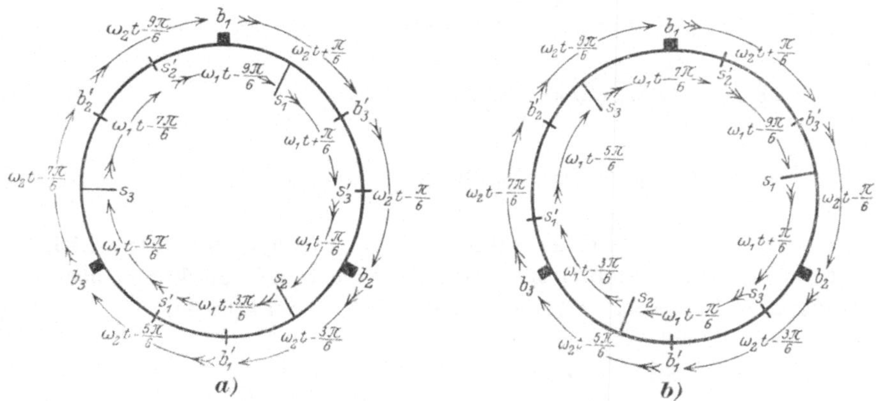

Fig. 22. Überlagerung der Ströme im Umformer zu verschiedenen Zeitpunkten.
a) $0 < t < \frac{2\pi}{6\omega_r}$. b) $\frac{2\pi}{6\omega_r} < t < \frac{2\pi}{3\omega_r}$.

Die Berechnung des Spannungsabfalls ist also für diese beiden Zeiträume getrennt durchzuführen.

1. $0 < t < \frac{2\pi}{6\omega_r}$; ω_r sei positiv.

Es bezeichne $S_{b_1 s_1}$ den Streuinduktionskoeffizienten des Wicklungsabschnittes zwischen b_1 und s_1. Da er der Länge des Abschnittes proportional ist, ist

$$\left.\begin{aligned} S_{b_1 s_1} &= S_{b_2' s_2'} = S \frac{t}{\frac{2\pi}{6\omega_r}} = 6\,S\,(c_2 - c_1)\,t \\ S_{s_1 b_2'} &= S_{s_2' b_2} = S\,[1 - 6\,(c_2 - c_1)\,t] \end{aligned}\right\} \quad . \; . \; . \quad (34)$$

Die vom Drehfeld zwischen den Punkten $s_1 s_2$ induzierte EMK sinkt also infolge des induktiven Spannungsabfalls um den Betrag:

$$\begin{aligned} \Delta e_{s_1 s_2} = \\ &- S\,[1 - 6\,(c_2 - c_1)\,t]\,\frac{d}{dt}\,\bar{J}\left[\sqrt{3}\cos\left(\omega_1 t + \beta + \frac{\pi}{6}\right)\right. \\ &- \sqrt{3}\cos\left(\omega_2 t + \beta + \frac{\pi}{6}\right) + \sqrt{3}\cos\left(\omega_1 t + \beta - \frac{\pi}{6}\right) \\ &\left.- \sqrt{3}\cos\left(\omega_2 t + \beta - \frac{\pi}{6}\right)\right] \\ &- 6\,S\,(c_2 - c_1)\,t\,\frac{d}{dt}\,\bar{J}\left[\sqrt{3}\cos\left(\omega_1 t + \beta + \frac{\pi}{6}\right) - \sqrt{3}\cos\left(\omega_2 t + \beta - \frac{\pi}{6}\right)\right. \\ &\left. + \sqrt{3}\cos\left(\omega_1 t + \beta - \frac{\pi}{6}\right) - \sqrt{3}\cos\left(\omega_2 t + \beta - \frac{3\pi}{6}\right)\right] \\ &= +\,18\,S\,(c_2 - c_1)\,t\,\omega_2\,\bar{J}\sin\left(\omega_2 t + \beta + \frac{\pi}{3}\right) \\ &+ 3\,S\,\bar{J}\left[\omega_1 \sin(\omega_1 t + \beta) - \omega_2 \sin(\omega_2 t + \beta)\right]. \end{aligned}$$

Die vom Drehfeld zwischen den Bürsten $b_1 b_2$ induzierte EMK ist infolgedessen kleiner als die EMK, die ohne induktiven Spannungsabfall induziert würde, um den Betrag (vgl. S. 46)

$$\begin{aligned} \Delta e_{b_1 b_2} = +\,18\,S\,(c_2 - c_1)\,t\,\omega_2\,\bar{J}\sin\left[(2\,\omega_2 - \omega_1)\,t + \beta + \frac{\pi}{3}\right] \\ + 3\,S\,\bar{J}\left\{\omega_1 \sin(\omega_2 t + \beta) - \omega_2 \sin[(2\,\omega_2 - \omega_1)\,t + \beta]\right\}. \end{aligned}$$

Der vom resultierenden Strom zwischen den Bürsten $b_1 b_2$ erzeugte gesamte Spannungsabfall ergibt sich auf die gleiche Weise wie oben zu

$$\begin{aligned} \Delta p_{b_1 b_2} - \Delta e_{b_1 b_2} = +\,18\,S\,(c_2 - c_1)\,t\,\omega_1\,\bar{J}\sin\left(\omega_1 t + \beta - \frac{\pi}{3}\right) \\ + 3\,S\,\bar{J}\,[\omega_2 \sin(\omega_2 t + \beta) - \omega_1 \sin(\omega_1 t + \beta)]. \end{aligned}$$

Der Abfall der Klemmenspannung $b_1 b_2$ infolge der Reaktanz des Rotors ist also:

$$\varDelta p_{b_1 b_2} = + 18\, S\,(c_2 - c_1)\, t\, \bar{J} \left\{ \omega_1 \sin\left(\omega_1 t + \beta - \frac{\pi}{3}\right) \right.$$
$$\left. + \omega_2 \sin\left[(2\omega_2 - \omega_1)\, t + \beta + \frac{\pi}{3}\right]\right\}$$
$$+ 3\, S \bar{J} \{(\omega_1 + \omega_2) \sin(\omega_2 t + \beta) - \omega_1 \sin(\omega_1 t + \beta)$$
$$- \omega_2 \sin[(2\omega_2 - \omega_1) t + \beta]\}.$$

Da während der Zeit, in der ein Stab von der Bürste kurzgeschlossen ist, sich der Strom in ihm um den momentanen Wert des über die Bürste fließenden Stromes ändert, ändert sich auch der Streufluß der Nut um den entsprechenden Betrag (vgl. S. 23). Die dadurch in beiden Schichten der Wicklung induzierte EMK ist in der bisherigen Rechnung nicht berücksichtigt worden, sie soll im folgenden bestimmt werden[1]). Die Kurve, nach der sich der Strom während der Kommutation ändert, ist nicht bekannt. Wir nehmen an, daß sich der Streufluß einer Nut während der Zeit, in der alle Stäbe einer Schicht kommutieren, proportional der Zeit ändere[2]). Die positive Richtung der Kommutatorströme sei wieder gegeben durch den Drehsinn $b_1 b_2 b_3$. Definieren wir noch den von den Bürsten wegfließenden verketteten Strom als positiv, so sind zur Zeit t die Ströme unter den Bürsten $b_1 b_2 b_3$ gegeben durch

$$\left.\begin{aligned} &+ \sqrt{3}\,\bar{J} \cos\left(\omega_2 t + \beta - \frac{\pi}{6}\right) \\ &+ \sqrt{3}\,\bar{J} \cos\left(\omega_2 t + \beta - \frac{5\pi}{6}\right) \\ &+ \sqrt{3}\,\bar{J} \cos\left(\omega_2 t + \beta - \frac{9\pi}{6}\right) \end{aligned}\right\} \quad \ldots\ldots \quad (35)$$

Zu bestimmen ist die EMK, die infolge der Stromwendung unter der Bürste b_2 in dem Abschnitt $s_1 s_2$ induziert wird (Fig. 22). Rotiert der Rotor in positiver Richtung, so hat, bei positivem Strom unter der Bürste b_2, die induzierte EMK die positive Richtung $s_1 s_2$, sie bewirkt also, bei Berücksichtigung des Vorzeichens, eine Verkleinerung der vom Drehfeld induzierten EMK; der Spannungsabfall ist positiv, hat also gleiches Vorzeichen wie der ihn bewirkende Bürstenstrom. Die Durchflutung einer Nut ändert sich

---

[1]) Vgl. Arnold, Wechselstromtechnik V², S. 17.

[2]) Wird der Gang der Kommutation durch Wendepole beeinflußt, so kann erreicht werden, daß der resultierende, mit einer Spule verkettete Fluß während der Dauer der Kommutation konstant bleibt. Man rechnet trotzdem am besten nach dem oben angegebenen Verfahren und führt die durch Rotation im Wendefeld induzierte EMK getrennt ein.

während der Zeit T_k, in der alle Stäbe einer Schicht den Kurzschluß unter der Bürste b_2 durchlaufen, um den Betrag

$$\frac{s_n}{2a}\sqrt{3}\,\bar{J}\cos\left(\omega_2 t+\beta-\frac{5}{6}\pi\right).$$

Dieser Vorgang vollzieht sich im Mittel gleichzeitig in $2p\frac{vT_k}{t_1}$ Nuten; darin bedeutet v die Umfangsgeschwindigkeit des Ankers in cm/sec und t_1 die Nutenteilung. In jeder Nut liegen $\frac{N}{2Z}$ Stäbe, die dem Wicklungsabschnitt $s_1 s_2$ angehören, und von diesen $\frac{N}{2Z}2p\frac{vT_k}{t_1}$ Stäben ist der a. Teil in Serie geschaltet. Der Momentanwert des Spannungsabfalls zwischen $s_1 s_2$ infolge der Stromwendung unter der Bürste b_2 beträgt also

$$\begin{aligned} e &= \frac{1}{a}\frac{N}{2Z}2p\frac{vT_k}{t_1}\frac{1}{T_k}l_i\lambda_n\frac{s_n}{2a}\sqrt{3}\,\bar{J}\cos\left(\omega_2 t+\beta-\frac{5\pi}{6}\right)10^{-8} \\ &= \frac{N}{a}c_r l_i\lambda_n\frac{s_n}{2a}\sqrt{3}\,\bar{J}\cos\left(\omega_2 t+\beta-\frac{5\pi}{6}\right)10^{-8} \\ &= S_k\sqrt{3}\,\bar{J}\cos\left(\omega_2 t+\beta-\frac{5\pi}{6}\right) \quad \ldots\ldots\ldots\ldots (36) \end{aligned}$$

Es ist also

$$S_k=6c_r\left(\frac{N}{a}\right)^2\frac{1}{12Z}l_i\lambda_n 10^{-8}=6c_r S \quad \ldots\ldots (37)$$

Rotiert der Rotor im negativen Sinn, so ändert unter sonst gleichen Verhältnissen die induzierte EMK ihr Vorzeichen, da aber dann auch c_r und somit S_k negativ sind, bleibt Formel 36 bestehen.

Während der Zeit von $t=0$ bis $t=\frac{2\pi}{6\omega_r}$ wird in dem Abschnitt $s_1 s_2$ ferner eine EMK induziert infolge der Stromwendung unter der Bürste b_3. Da unter b_3 Stäbe der unteren Schicht der Wicklung liegen, ist die in ihnen induzierte Spannung

$$-\sqrt{3}\,S_k\,\bar{J}\cos\left(\omega_2 t+\beta-\frac{9\pi}{6}\right).$$

Der gesamte zwischen $s_1 s_2$ durch die Stromwendung verursachte Spannungsabfall ist also

$$\begin{aligned} &\sqrt{3}\,S_k\,\bar{J}\left[\cos\left(\omega_2 t+\beta-\frac{5\pi}{6}\right)-\cos\left(\omega_2 t+\beta-\frac{9\pi}{6}\right)\right] \\ &\qquad =+3\,S_k\,\bar{J}\sin\left(\omega_2 t+\beta-\frac{\pi}{6}\right). \end{aligned}$$

Die vom Drehfeld zwischen den Bürsten $b_1 b_2$ induzierte EMK sinkt also infolge der Stromwendung um einen weiteren Betrag

$$+3\,S_k \bar{J} \sin\left[(2\,\omega_2 - \omega_1)\,t + \beta - \frac{\pi}{6}\right].$$

Die durch die Stromwendung induzierte EMK bewirkt ferner eine weitere Differenz zwischen der Klemmenspannung $b_1 b_2$ und der zwischen den Bürsten $b_1 b_2$ induzierten EMK. Die Stromwendung unter b_3 induziert zwischen $b_1 b_2$ die gleichen EMKe wie zwischen $s_1 s_2$, aber vom entgegengesetzten Vorzeichen, da die Richtung des positiven Spannungsabfalls die entgegengesetzte ist. Die Stromwendung unter b_1 und b_2 induziert EMKe von je der halben Amplitude, da bei beiden Bürsten nur je die Hälfte der kommutierenden Stäbe im Wicklungsabschnitt $b_1 b_2$ liegt. Das Vorzeichen ist dem der EMK, die durch die Kommutation unter b_3 induziert wird, entgegengesetzt. Der Spannungsabfall im Abschnitt $b_1 b_2$ ist also

$$\begin{aligned}
&+ S_k \bar{J} \sqrt{3} \cos\left(\omega_2 t + \beta - \frac{9\,\pi}{6}\right) \\
&- \frac{S_k}{2} \bar{J} \sqrt{3} \left[\cos\left(\omega_2 t + \beta - \frac{\pi}{6}\right) + \cos\left(\omega_2 t + \beta - \frac{5\,\pi}{6}\right)\right] \\
= &- \frac{3}{2} \sqrt{3}\, S_k \bar{J} \sin(\omega_2 t + \beta).
\end{aligned}$$

Der resultierende, durch Streuflüsse induzierte Abfall der Klemmenspannung zwischen $b_1 b_2$ wird damit

$$\begin{aligned}
\Delta p_{b_1 b_2} = {} & 18\,S\,(c_2 - c_1)\,t\,\bar{J}\left\{\omega_1 \sin\left(\omega_1 t + \beta - \frac{\pi}{3}\right)\right. \\
& \left. + \omega_2 \sin\left[(2\,\omega_2 - \omega_1)\,t + \beta + \frac{\pi}{3}\right]\right\} \\
& + 3\,S\bar{J}\left\{(\omega_1 + \omega_2)\sin(\omega_2 t + \beta) - \omega_1 \sin(\omega_1 t + \beta)\right. \\
& \left. - \omega_2 \sin\left[(2\,\omega_2 - \omega_1)\,t + \beta\right]\right\} \\
& + 3\,S_k \bar{J} \sin\left[(2\,\omega_2 - \omega_1)t + \beta - \frac{\pi}{6}\right] \\
& - \frac{3}{2}\sqrt{3}\,S_k \bar{J} \sin(\omega_2 t + \beta) \quad \ldots \ldots \ldots \quad (38)
\end{aligned}$$

2. $\frac{2\,\pi}{6\,\omega_r} < t < \frac{2\,\pi}{3\,\omega_r}$; ω_r positiv. Die Ableitung der entsprechenden Formel für den Zeitraum zwischen $t = \frac{2\,\pi}{6\,\omega_r}$ und $t = \frac{2\,\pi}{3\,\omega_r}$ geschieht auf gleiche Weise wie oben und führt zu dem Resultat:

$$\Delta p_{b_1 b_2} = +18\,S\,(c_2 - c_1)\,t\,\bar{J}\{\omega_1 \sin(\omega_1 t + \beta) + \omega_2 \sin[(2\omega_2 - \omega_1)t + \beta]\}$$
$$+ 3\,S\,\bar{J}\left\{(\omega_1 + \omega_2)\sin(\omega_2 t + \beta) - \sqrt{3}\,\omega_1 \sin\left(\omega_1 t + \beta + \frac{\pi}{6}\right)\right.$$
$$\left. - \sqrt{3}\,\omega_2 \sin\left[(2\omega_2 - \omega_1)t + \beta - \frac{\pi}{6}\right]\right\}$$
$$+ 3\,S_k\,\bar{J}\sin\left[(2\omega_2 - \omega_1)t + \beta - \frac{\pi}{2}\right] - \frac{3}{2}\sqrt{3}\,S_k\,\bar{J}\sin(\omega_2 t + \beta) \tag{39}$$

Um den momentanen Wert des Spannungsabfalls in einem beliebigen Zeitpunkt $t_2 > \frac{2\pi}{3\omega_r}$ zu bestimmen, setzen wir

$$t_2 = t_1 + (b-1)\frac{2\pi}{3\omega_r},$$

wobei $0 < t_1 < \frac{2\pi}{3\omega_r}$ und b eine ganze Zahl ist. Je nachdem, ob t_1 kleiner oder größer als $\frac{2\pi}{6\omega_r}$ ist, ist der Spannungsabfall gegeben durch die Formel 38 oder 39, wenn wir in ihr $t = t_1$ setzen und alle Winkelgrößen um den gleichen Betrag $(b-1)\frac{2\pi}{3}\frac{\omega_2}{\omega_r}$ vergrößern.

Bei negativem ω_r ist der resultierende Spannungsabfall zwischen $b_1 b_2$ gegeben durch folgende Formel, wobei in den Klammern $\{\}$ die oberen Zahlen für

$$0 < t < \frac{2\pi}{6\omega_r},$$

die unteren für
$$\frac{2\pi}{6\omega_r} < t < \frac{2\pi}{3\omega_r}$$

gelten.

$$\Delta p_{b_1 b_2} = +18\,S\,(c_2 - c_1)\,t\,\bar{J}\left\{-\omega_1 \sin\left(\omega_1 t + \beta + \begin{Bmatrix}\frac{\pi}{3}\\ 0\end{Bmatrix}\right)\right.$$
$$\left. + \omega_2 \sin\left[(2\omega_2 - \omega_1)t + \beta + \begin{Bmatrix}\frac{2\pi}{3}\\ \pi\end{Bmatrix}\right]\right\}$$
$$+ 3\,S\,\bar{J}\left[(\omega_1 + \omega_2)\sin(\omega_2 t + \beta) - \begin{Bmatrix}1\\ \sqrt{3}\end{Bmatrix}\omega_2 \sin\left((2\omega_2 - \omega_1)t + \beta + \begin{Bmatrix}0\\ \frac{\pi}{6}\end{Bmatrix}\right)\right.$$
$$\left. - \begin{Bmatrix}1\\ \sqrt{3}\end{Bmatrix}\omega_1 \sin\left(\omega_1 t + \beta - \begin{Bmatrix}0\\ \frac{\pi}{6}\end{Bmatrix}\right)\right] + 3\,S_k\,\bar{J}\sin\left[(2\omega_2 - \omega_1)t + \beta + \begin{Bmatrix}\frac{\pi}{6}\\ \frac{\pi}{2}\end{Bmatrix}\right]$$
$$- 1{,}5\sqrt{3}\,S_k\,\bar{J}\sin(\omega_2 t + \beta) \quad \ldots\ldots\ldots\ldots \tag{40}$$

Ist also zur Zeit t die Kommutatorspannung ohne Berücksichtigung des induktiven Abfalls $= -\bar{P}_0 \cos(\omega_2 t + \alpha)$, so ist sie bei dessen Berücksichtigung $= -\bar{P}_0 \cos(\omega_2 t + \alpha) - \varDelta p_{b_1 b_2}$.

Solange wir, wie es gewöhnlich der Fall ist, mit rein sinusförmigen Strömen und Spannungen rechnen, können wir statt des gesamten Abfalls nur eine Oberwelle von der Frequenz c_2 berücksichtigen. Sie definiert also die effektive Reaktanz des Umformers. Um sie zu bestimmen, berechnen wir auf die schon angedeutete Weise (S. 49) die Leistung, die der resultierende induktive Spannungsabfall mit dem Strom

$$-\bar{J} \cos\left(\omega_2 t + \beta + \frac{\pi}{2}\right)$$

ergibt. Sie ist

$$= S \frac{\bar{J}^2}{2} (0{,}02\, \omega_1 + 0{,}52\, \omega_2).$$

Also ist die effektive Reaktanz pro Phase

$$S(0{,}02\, \omega_1 + 0{,}52\, \omega_2) \quad . \quad . \quad . \quad . \quad . \quad . \quad . \quad (41)$$

Setzen wir als Beispiel

$$\omega_2 = +0{,}33\, \omega_1; \quad \omega_r = -0{,}67\, \omega_1,$$

so wird die effektive Reaktanz gleich $0{,}192\, \omega_1 S$ Ohm pro Phase. Würde der gleiche Rotor bei offenen Schleifringen vom Kommutator aus mit einem Strom der gleichen Kreisfrequenz ω_2 bei der gleichen Winkelgeschwindigkeit $\omega_r = -\dfrac{0{,}67}{0{,}33}\, \omega_2$ gespeist, so wäre seine Reaktanz[1])

$$= 2{,}66\, \omega_1 S \text{ Ohm pro Phase.}$$

---

[1]) Vgl. Arnold, Wechselstromtechnik V^2, S. 17.

Bei ruhendem Rotor ist nach Definition von S die Reaktanzspannung zwischen 2 um 60° entfernten Punkten, wenn J den Strom pro Phase bedeutet, $= \sqrt{3}\, \omega_2 S J$ und zwischen 2 um 120° entfernten Punkten

$$= \sqrt{3}\sqrt{3}\, \omega_2 S J,$$

die Reaktanz ist also $3\, \omega_2 S$.

Rotiert der Rotor mit der Winkelgeschwindigkeit ω_r, so ist die Reaktanz

$$3\, \omega_2 S \left(1 - \frac{\omega_r}{\omega_2} \frac{\sin\frac{\pi}{3}}{\frac{\pi}{3}}\right)$$

(Arnold, a. a. O.)

$$= 3\, \omega_2 S \left(1 + \frac{0{,}67}{0{,}33} \frac{\sqrt{3} \cdot 3}{2\pi}\right) = 3\, \omega_2 S\, 2{,}66 = 2{,}66\, \omega_1 S.$$

Wir können also die Reaktanz des Umformers ersetzen dadurch, daß wir uns den Umformer selbst frei von induktivem Widerstand denken, dafür aber in Serie zu den Bürsten des Kommutators die Reaktanz $\frac{S}{3}(0{,}02\,\omega_1 + 0{,}52\,\omega_2)$ schalten. Der Faktor $\frac{1}{3}$ rührt her vom Übergang von der Dreieckschaltung zur Sternschaltung. Da der Umformer sinusförmige Spannungen und Ströme im Verhältnis 1 : 1 übersetzt, können wir statt dessen die gleiche Reaktanz in Serie zu den Schleifringen geschaltet annehmen.

Steht der Rotor still, so haben die abgeleiteten Formeln keine Gültigkeit mehr, da die Ableitung darauf beruht, daß sich der Rotor dreht (vgl. S. 33). Der Wert der Reaktanz bei Stillstand hängt ab von der Stellung der zu den Schleifringen führenden Anzapfungen gegenüber den Bürsten.

Es sei noch darauf hingewiesen, daß der Kurzschlußversuch nicht den oben bestimmten Wert für die Reaktanz ergeben kann. Denn im Kurzschluß muß die ganze aufgedrückte Spannung durch den Spannungsabfall aufgezehrt werden. Da dieser bei sinusförmigem Strom nicht sinusförmig verläuft, kann bei sinusförmiger Spannung der Strom nicht mehr Sinusform haben, entgegen der Annahme, die der Ableitung der Formeln zugrunde gelegt wurde. Arbeitet der Umformer dagegen auf eine sekundäre Spannung, wobei der Spannungsabfall nur wenige Prozent der vom Hauptfeld induzierten EMK ausmacht, ist die Annahme sinusförmiger Ströme bei sinusförmiger Spannung zulässig.

8. Vergleich der verschiedenen für den Umformer möglichen Schaltungen.

Wir stellen uns die Aufgabe, in einem Frequenzumformer den einem Dreiphasennetz konstanter Frequenz c[1]) entnommenen Strom in einen Strom variabler Frequenz c_s zu transformieren. Die dem Umformer vom Netz her aufgedrückte Spannung ändere sich dabei proportional c_s. Zur Lösung dieser Aufgabe kann der Umformer nach Fig. 1a oder Fig. 1b geschaltet werden. Bei beiden Schal-

[1]) Bisher wurde die Frequenz auf der Schleifringseite mit c_1 und die auf der Kommutatorseite mit c_2 bezeichnet, unabhängig davon, welche der beiden Frequenzen die gegebene Netzfrequenz und welche die transformierte Frequenz war. In allen folgenden Untersuchungen interessiert dagegen in erster Linie die Frage, welches die gegebene und welches die transformierte Frequenz ist; wir führen deshalb noch die oben gegebenen Bezeichnungen ein, wobei also c je nach der Schaltung die Frequenz auf der Schleifring- oder auf der Kommutatorseite bezeichnen kann.

tungen kann die Dreiphasenschaltung auf Kommutator- und Schleifringseite durch die Sechsphasenschaltung (S. 14) ersetzt werden. Schließlich kann bei gegebenem Wert von c jeder Wert von c_s[1]) (mit Ausnahme des Wertes $c_s = 0$) bei zwei verschiedenen Drehzahlen des Rotors erreicht werden, wobei einmal das Feld sich im Raum und relativ zum Rotor im gleichen Sinn, das andere Mal im entgegengesetzten Sinn dreht (S. 26).

Es seien deshalb im folgenden die Vor- und Nachteile der einzelnen Anordnungen kurz erläutert.

Der Entwurf des Frequenzumformers wird, wie der jedes Kommutatormotors, beherrscht durch die Bedingung, daß die EMK, die vom resultierenden Feld in allen zwischen den Kanten einer Bürste in Serie liegenden Windungen induziert wird, einen bestimmten Betrag nicht überschreiten darf. Für einen gegebenen Umformer ist also auch der maximale Wert dieser EMK gegeben. Nun sind aber die resultierende, zwischen den Bürsten des Kommutators induzierte EMK und die EMK zwischen den Schleifringen (bei gleicher Schaltung auf beiden Seiten) das gleiche Vielfache der EMK pro Windung (S. 26). Bei Vernachlässigung des Spannungsabfalls im Umformer ist diese resultierende EMK aber gleich der angelegten Spannung. Durch die maximal zulässige EMK pro Windung wird also auch der maximal zulässige Wert der Netzspannung, die an den Umformer angelegt werden darf, bestimmt. Ob aber diese Netzspannung an die Schleifringe oder an die Bürsten des Kommutators angelegt wird, ist ohne Einfluß auf ihren maximal zulässigen Wert.

In dieser wichtigsten Hinsicht sind also die Schaltungen nach Fig. 1a und Fig. 1b gleichwertig.

Der maximal zulässige Wert der Klemmenspannung ist für einen gegebenen Umformer auch unabhängig von der Drehzahl des Umformers und von der Größe der Frequenzen c und c_s. Denn der Zusammenhang zwischen Klemmenspannung und EMK pro Windung ist fest gegeben, unabhängig von den Werten c und c_s[2]).

Obwohl aber bei gegebener Netzspannung die EMK pro Windung von der Schaltung unabhängig ist, wie wir sahen, hängt doch

[1]) c und c_s seien in diesem Kapitel stets positiv angenommen, unabhängig vom Drehsinn des Feldes im Raum und relativ zum Rotor (im Gegensatz zur Definition S. 1).

[2]) Eine Korrektur erfährt diese Angabe dadurch, daß die maximal zulässige vom Hauptfeld induzierte EMK pro Windung keine unbedingte Konstante ist, sondern um so größer gewählt werden darf, je kleiner gleichzeitig die EMK der Stromwendung ist. Diese ist aber bei sonst gleichen Umständen der Drehzahl des Umformers proportional.

der Wert des Induktionsflusses bei gegebenen Werten von c und c_s davon ab, ob der Umformer nach Fig. 1a oder Fig. 1b geschaltet ist. Denn bei beiden Schaltungen ist die Relativgeschwindigkeit des Feldes gegen den Rotor verschieden. Die EMK pro Windung und die angelegte Spannung sind aber dem Produkt aus Induktionsfluß und Relativgeschwindigkeit des Flusses proportional. Speist die Netzspannung die Schleifringseite, so entspricht diese Relativgeschwindigkeit der Netzfrequenz, sie ist also konstant. Der Induktionsfluß ist demnach der Netzspannung, bei der gemachten Annahme also auch der transformierten Frequenz c_s, proportional, er ist also als Funktion von c_s durch die Gerade a der Fig. 23 dargestellt.

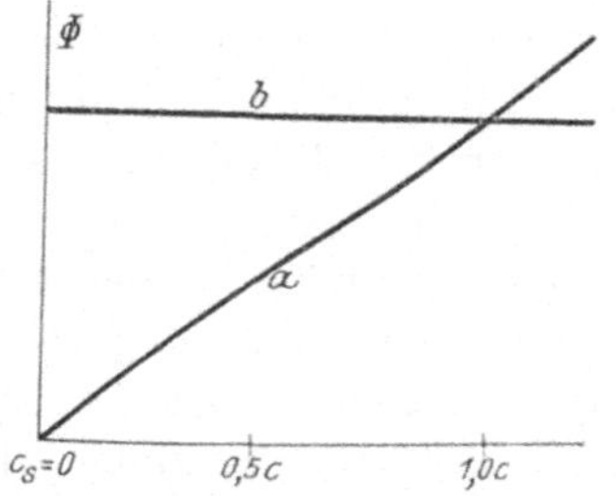

Fig. 23. Induktionsfluß Φ in Funktion von c_s bei variierter Netzspannung.
a = Schaltung nach Fig. 1a.
b = Schaltung nach Fig. 1b.

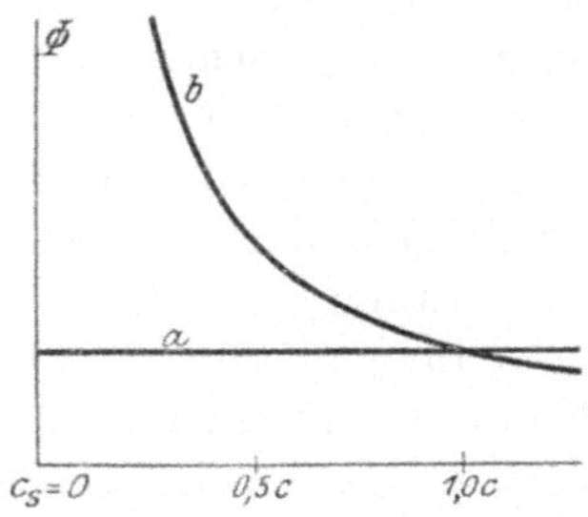

Fig. 24. Induktionsfluß Φ in Funktion von c_s bei konstanter Netzspannung.
a = Schaltung nach Fig. 1a.
b = Schaltung nach Fig. 1b.

Speist die Netzspannung die Kommutatorseite, so bedingt die konstante Netzfrequenz eine konstante Geschwindigkeit des Feldes im Raum, die Geschwindigkeit des Feldes relativ zum Rotor, die die Größe der transformierten Frequenz c_s bestimmt, ändert sich mit c_s, sie ist der Größe c_s proportional. Da nach Annahme auch die EMK pro Windung, also das Produkt aus Induktionsfluß und Relativgeschwindigkeit des Flusses, der Frequenz c_s proportional ist, ist also der Induktionsfluß konstant, er wird, als Funktion von c_s, durch die Gerade b der Fig. 23 dargestellt.

Machen wir dagegen vorübergehend die Annahme, daß außer der Netzfrequenz auch die dem Umformer vom Netz her aufgedrückte Spannung konstant bleibt und nur die Frequenz c_s variiert wird, so muß bei Schaltung nach Fig. 1a, da EMK pro Windung und Relativgeschwindigkeit des Flusses gegen den Rotor konstant sind, auch der Induktionsfluß konstant sein, er wird, in Funktion von c_s, durch die Gerade a der Fig. 24 dargestellt. Bei Schaltung nach Fig. 1b ist wieder das Produkt aus Induktionsfluß und Relativgeschwindigkeit des Flusses gegen den Rotor konstant. Die Frequenz c_s ist wieder dieser Relativgeschwindigkeit proportional. Es ist also das Produkt aus Induktionsfluß und c_s konstant, der Fluß in Funktion von c_s wird durch die Hyperbel b der Fig. 24 dargestellt.

Hierin zeigt sich ein prinzipieller Unterschied zwischen beiden Schaltungen. Setzen wir nämlich $c_s = 0$, transformieren wir also den Dreiphasenstrom in ein System von Gleichströmen, so wird bei Schaltung Fig. 1b der Induktionsfluß des Umformers unendlich groß, solange die angelegte Spannung von 0 verschieden ist. Bei Schaltung Fig. 1a behält der Fluß einen endlichen Wert. Für die Transformierung in Gleichstrom kommt also nur diese Schaltung in Frage, der Frequenzumformer geht dann in den normalen Einankerumformer über.

Da die Größe des Induktionsflusses und seine Relativgeschwindigkeit gegen Stator und Rotor von der Schaltung abhängen, hängt auch die Größe der Eisenverluste von ihr ab.

Bei sonst gleichen Umständen wird die Größe der Eisenverluste im Stator bestimmt durch die Drehzahl des Feldes im Raum, die Größe der Eisenverluste im Rotor hängt ab von der Drehzahl relativ zum Rotor. Der folgenden Tabelle ist ein Umformer zugrunde gelegt, für den bei Stillstand, also $c_s = c$, die Eisenverluste in Stator und Rotor einander gleich sind. Für die Schaltung Fig. 1a sind die Rotoreisenverluste, und für Schaltung 1b die Statoreisenverluste gleich 1 gesetzt.

	Schaltung nach Fig. 1a		Schaltung nach Fig. 1b	
	$c_s > c$	$c_s < c$	$c_s > c$	$c_s < c$
Eisenverluste im Stator	>1	<1	1	1
Eisenverluste im Rotor	1	1	>1	<1

Der Entwurf eines Frequenzumformers wird in zweiter Linie dadurch bedingt, daß die EMK der Stromwendung (vgl. S. 23) einen bestimmten Betrag nicht überschreiten darf. Der Wert dieser EMK hängt davon ab, ob dem Kommutator der Strom dreiphasig oder sechsphasig zugeführt wird (S. 24). Bei gegebenem Strom ist die EMK der Stromwendung der Drehzahl des Umformers proportional. Ist die Frequenz $c_s = 0$, so muß die Frequenz der Rotation gleich der Frequenz c sein. Soll die Frequenz c_s von Null verschieden sein, so muß die Drehzahl vergrößert oder verkleinert werden. Für die Stromwendung ist der zweite Fall der günstigere, es soll also stets das Feld im Raum und relativ zum Rotor im gleichen Sinn umlaufen. Dagegen erwies es sich mit Hinsicht auf möglichst genaue Kompensation der Transformator-EMK günstiger, wenn das Feld im Raum die entgegengesetzte Richtung hat als relativ zum Rotor (S. 30).

Der Verbrauch von Volt-Ampere in den Wendepolwicklungen ist bei gegebenem Feld um so kleiner, je kleiner die Frequenz der speisenden Spannung ist. In dieser Hinsicht ist also Schaltung Fig. 1a günstiger, solange $c_s < c$ ist.

Wir vergleichen schließlich noch Sechsphasen- und Dreiphasenschaltung. Sechsphasenschaltung auf der Kommutatorseite verbessert, wie wir schon sahen, die Stromwendung wesentlich gegenüber der Dreiphasenschaltung. Die Stromwärme im Rotor (vgl. S. 43) ist am kleinsten bei beidseitiger Sechsphasenschaltung, dann folgt Sechsphasenschaltung auf der einen, Dreiphasenschaltung auf der andern Seite, am größten ist sie bei beidseitiger Dreiphasenschaltung.

In einzelnen Fällen hängt auch die notwendige Größe des Kommutators davon ab, ob der Strom dreiphasig oder sechsphasig über ihn geleitet wird. Es ist nämlich die zulässige Spannung zwischen zwei auf einem Durchmesser liegenden Bürsten bei Sechsphasenschaltung für gegebene EMK pro Windung $\frac{2}{\sqrt{3}}$ mal größer als die zulässige Spannung zwischen zwei Bürsten bei Dreiphasenschaltung (S. 24). Der zugeführte Strom ist bei Sechsphasenschaltung nur halb so groß als bei Dreiphasenschaltung (vgl. S. 25), entsprechend ist unter sonst gleichen Umständen die Zahl der pro Bürstenstift des Kommutators notwendigen Bürsten im ersten Fall nur halb so groß als im zweiten. Dagegen haben wir bei Sechsphasenschaltung doppelt so viel Stifte als bei Dreiphasenschaltung, die gesamte notwendige Bürstenfläche ist also in beiden Fällen die gleiche, es sind also auch die gesamten am Kommutator auftretenden Verluste, die sich aus Reibungs- und Stromübergangsverlusten zusammensetzen, in beiden Fällen gleich. Nun wird bei gegebenem Durchmesser des Kommutators seine Länge oft bestimmt durch die Bedingung, daß alle Bürsten pro Stift nebeneinander Platz haben müssen. In dieser Hinsicht ist also die Sechsphasenschaltung der Dreiphasenschaltung infolge der kleineren Zahl Bürsten pro Stift wesentlich überlegen. Oft wird aber auch die Länge des Kommutators bestimmt durch die Bedingung, daß seine Oberfläche groß genug sein muß, um die durch die Verluste erzeugte Wärme abzuführen. In dem Fall sind beide Schaltungen, da sie gleiche Verluste ergeben, gleichwertig.

II. Teil.

Die Anwendung des Frequenzumformers zur verlustlosen Regelung der Drehzahl von Asynchronmotoren.

1. Direkte Kupplung des Umformers mit dem Asynchronmotor.

Soll die Drehzahl eines asynchronen Induktionsmotors, dessen Statorwicklung von einer Spannung konstanter Frequenz gespeist wird, reguliert werden, so ist dies nur möglich, wenn an den Klemmen des Rotors eine Spannung besteht. Die Spannung kann vom Rotorstrom selbst erzeugt werden. Dies ist der Fall, wenn in den Rotorkreis Widerstände geschaltet werden, oder wenn in Kaskade zum Rotor ein zweiter Induktionsmotor oder ein Kommutatormotor liegt. Die zur Regelung der Drehzahl nötige Spannung kann aber auch von außen her dem Rotor aufgedrückt werden. Da die im Rotor induzierte EMK die Frequenz des Schlupfes gegenüber dem Drehfeld hat, muß die angelegte Spannung die gleiche Frequenz haben, während im allgemeinen nur die Netzfrequenz zur Verfügung steht. Doch bietet der Kommutator die Möglichkeit, eine Spannung gegebener Frequenz in eine solche anderer Frequenz zu transformieren. Anwendung findet diese Möglichkeit in den Kommutatormotoren, bei denen Motor und Kommutator zu einer Maschine vereinigt sind.

Der Kommutator kann die gleiche Aufgabe auch erfüllen, wenn er, als Frequenzumformer, räumlich vom Induktionsmotor (im folgenden als „Hauptmotor" bezeichnet) vollkommen getrennt ist. Nur muß er dann mit der richtigen Drehzahl angetrieben werden. Die Polzahl $2p$ des Hauptmotors sei gleich der des Umformers. Bedeutet c die Netzfrequenz, $n = \frac{60\,c}{p}$ die synchrone Drehzahl des Induktionsmotors und s die Schlüpfung, so muß der Umformer, der auf der einen Seite ebenfalls von der Frequenz c gespeist wird, auf der anderen Seite Strom von der Frequenz $c_s = s\,c$ abgeben.

Die Schleifringe des Umformers mögen an der Netzspannung liegen. Solange s kleiner als 1 ist, muß das Drehfeld relativ zum Rotor des Umformers entgegengesetzt dem Drehsinn des Rotors im Raum umlaufen, damit die transformierte Frequenz kleiner ist als die Netzfrequenz. Der Drehsinn des Feldes im Raum ist gleichgültig. Denn wenn die zeitliche Reihenfolge der gegeneinander zu schaltenden sekundären Phasenspannungen von Umformer und Hauptmotor nicht übereinstimmt, kann diese Unstimmigkeit durch Vertauschen zweier Verbindungsleitungen behoben werden.

Wir müssen deshalb in allen folgenden Untersuchungen die auf S. 1 gegebene Definition über das Vorzeichen einer Frequenz durch die folgende ersetzen:

Die Netzfrequenz c, $\omega = 2\pi c$ und die c entsprechende synchrone Drehzahl n des Hauptmotors seien stets positiv. Der Schlupf s, dessen Frequenz c_s, die Schlupfdrehzahl n_s und $\omega_s = 2\pi c_s$ seien positiv bei untersynchronem Lauf des Hauptmotors und negativ bei übersynchronem Lauf. Die Drehzahl n_r des Umformers im Raum sei positiv, wenn er sich entgegengesetzt der Relativbewegung des Feldes gegen den Rotor dreht. Solange $-1 < s < +1$ ist, muß also auch n_r stets positiv sein.

Der Hauptmotor laufe z. B. untersynchron, es sind ω_s und n_s positiv. Ein bestimmter Wert von c_s und damit von n_s kann bei gegebenem ω und n bei 2 Werten von n_r erreicht werden, indem n_r größer oder kleiner als n sein kann. Im ersten Fall dreht sich das Feld im Raum und relativ zum Rotor des Umformers im entgegengesetzten Sinn, im anderen Falle im gleichen Sinn; auf das Vorzeichen von c_s hat dies aber keinen Einfluß, es sind in beiden Fällen nur die Verbindungsleitungen zwischen Umformer und Hauptmotor verschieden zu legen.

Es ist $n_s = \pm (n_r - n)$, wobei bei untersynchronem Lauf des Hauptmotors das $+$-Zeichen zu setzen ist, wenn $n_r > n$ ist, andernfalls das $-$-Zeichen. Damit der Umformer sekundäre Spannungen der Frequenz c_s liefert, muß also seine Drehzahl $n_r = n + n_s$ oder $n_r = n - n_s$ sein. Im ersten Falle läuft er um so schneller, je langsamer der Hauptmotor sich dreht. Bei dessen Stillstand hat er die doppelte synchrone Drehzahl. Im zweiten Falle ist seine Drehzahl $n_r = n - n_s$ für jeden Wert von s mit der des Hauptmotors identisch; der Umformer kann mit dem Hauptmotor gekuppelt und von diesem angetrieben werden. Wir betrachten im folgenden zunächst die Arbeitsweise beider Maschinen bei mechanischer Kupplung. Bedeutet E_2 die bei Stillstand im Rotor des Hauptmotors induzierte EMK, so muß, um einen Schlupf von $s\,^0/_0$ für den Hauptmotor zu erzwingen, über den Umformer dem Rotor eine Spannung $s\,E_2$

aufgedrückt werden. Der Spannungsabfall ist dabei vernachlässigt. Sekundäre Frequenz und Spannung des Umformers sind einander also proportional. Zwischen Umformer und Netz muß ein Transformator mit regelbarem Übersetzungsverhältnis liegen (Fig. 25a). Soll der Hauptmotor nur untersynchron laufen, so ist auch die Schaltung nach Fig. 25b möglich, andernfalls nicht. Denn damit der Hauptmotor auf Übersynchronismus gebracht werden kann, muß er synchron laufen können. Bei synchronem Lauf muß seinem Rotor eine konstante, gleichgerichtete Spannung zur Überwindung des Ohmschen Spannungsabfalls aufgedrückt werden; der Umformer kann aber zur Transformation von Wechselstrom in Gleichstrom nicht verwendet werden, wenn, wie in Fig. 25b, der Wechselstrom dem Kommutator zugeführt wird (vgl. S. 65).

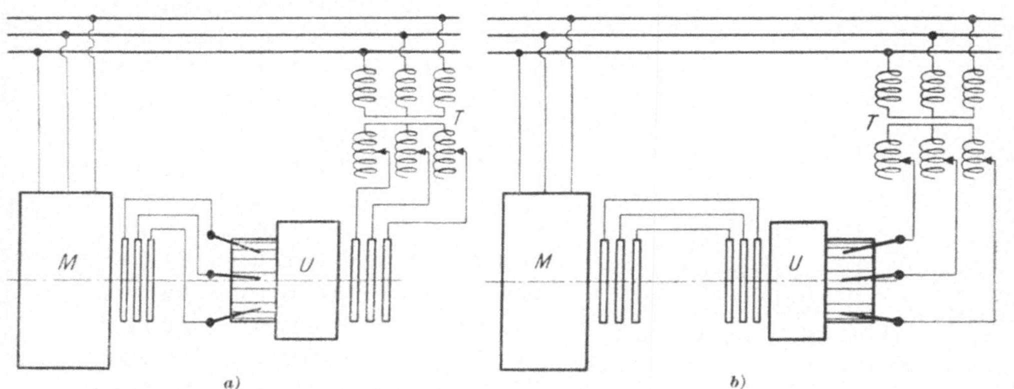

Fig. 25. Asynchronmotor M mit Frequenzumformer U und regelbarem Transformator T. Nebenschlußschaltung.

Der Transformator T kann auch zwischen Umformer und Hauptmotor liegen, wird aber dann, infolge der niederen Frequenz, schwer und teuer, ferner ist der Umformer für die volle Netzspannung zu bemessen, was nicht zweckmäßig, oft sogar unmöglich ist.

Ist die dem Rotor des Hauptmotors aufgedrückte Spannung gegen den Strom um 180^0 phasenverschoben, so wirkt der Umformer in gleicher Weise wie ein dem Rotor vorgeschalteter Widerstand, die Schlupfenergie, die sonst der Widerstand verzehrt, wird aber über den Umformer an das Netz zurückgeliefert. Im Gegensatz zur Regulierung durch Widerstand kann aber auch die Spannung in Phase mit dem Strom sein, der Rotor läuft dann übersynchron, es wird nicht nur dem Stator, sondern auch dem Rotor Energie vom Netz zugeführt. Wird eine Spannung solcher Phase aufgedrückt, daß der Strom der im Rotor induzierten EMK voreilt, so wirkt die voreilende Komponente als Magnetisierungsstrom, der

Stator wird teilweise oder ganz vom Magnetisierungsstrom entlastet, es findet Phasenkompensation statt. Der Umformer kann also nicht nur zur Regulierung der Drehzahl, sondern auch als Phasenkompensator[1]) verwendet werden. Im Gegensatz zu den bis jetzt in der Praxis verwendeten Phasenkompensatoren[2]) wird auch der im Rotor des Hauptmotors fließende Magnetisierungsstrom, reduziert nach dem Übersetzungsverhältnis des dem Umformer vorgeschalteten Transformators, vom Netz geliefert; ferner entnimmt der Umformer selbst dem Netz Magnetisierungsstrom. Soll also der dem Aggregat, bestehend aus Hauptmotor und Umformer, zufließende Strom ein reiner Wattstrom sein, so muß der Statorstrom des Hauptmotors der Klemmenspannung voreilen. Näher auf die Arbeitsweise des Aggregats einzugehen, erübrigt sich; denn es ist, bei starrer Kupplung zwischen Hauptmotor und Umformer, vollkommen identisch mit einem Dreiphasen-Nebenschluß-Kommutatormotor nach Winter-Eichberg (Fig. 26), dessen Eigenschaften als bekannt vorausgesetzt werden. Es werden bei diesem in der einfachsten Anordnung dem Stator und dem Rotor phasengleiche, an Größe voneinander verschiedene Spannungen zugeführt. Die im Raum festliegenden Stromzuführungspunkte des Rotors sind gegen die des Stators um den Bürstenverstellwinkel ϱ verschoben. Das gleiche gilt für den Asynchronmotor, dessen Rotor von einem Frequenzumformer gespeist wird, wie die folgende Betrachtung ergibt (Fig. 27).

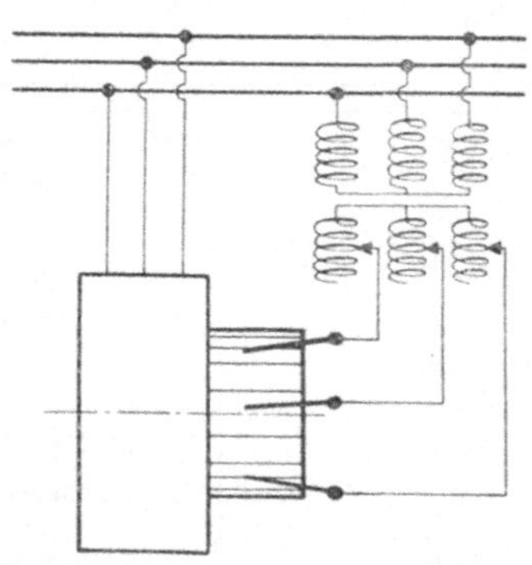

Fig. 26. Dreiphasen-Nebenschluß-Kommutatormotor nach Winter-Eichberg.

Dem Stator des Hauptmotors (Kreis S der Fig. 27) werden zwischen den festliegenden Punkten $A_1 A_2$, $A_2 A_3$ und $A_3 A_1$ die Spannungen $P\cos(\omega t + \alpha)$, $P\cos\left(\omega t + \alpha - \frac{2\pi}{3}\right)$, $P\cos\left(\omega t + \alpha - \frac{4\pi}{3}\right)$ zugeführt. Spannungen gleicher Phase liegen (bei Schaltung nach Fig. 25a) an den Schleifringen $s_1 s_2 s_3$ des Umformers. In dem be-

[1]) Als „Phasenkompensator" wird eine Maschine bezeichnet, die, in den Rotorstromkreis eines Induktionsmotors eingeschaltet, den Zweck hat, den Motor vom Rotor aus zu magnetisieren und dadurch den Stator und das Netz vom Magnetisierungsstrom zu entlasten.

[2]) „Phasenkompensator" der Firma „Brown, Boveri u. Cie." Vgl. z. B. Scherbius, ETZ 1912, S. 1079. „Vibrator" von Kapp, vgl. z. B. Kapp, ETZ 1913, S. 931.

trachteten Augenblick seien die Bürsten $b_1 b_2 b_3$ gegen $s_1 s_2 s_3$ um einen Winkel ∂_2 gegen den Drehsinn der Rotoren verschoben; die Größe dieses Winkels kann jeden Wert haben, da die Lage des Rotors des Hauptmotors bei gegebenem Momentanwert der Netzspannung noch beliebig ist. Es sind demnach im gleichen Zeitpunkt auch die Anschlußpunkte $a_1 a_2 a_3$ der Schleifringe des Rotors des Hauptmotors (Kreis R der Fig. 27) um einen unbekannten Winkel ∂_1 gegen die Punkte $A_1 A_2 A_3$ des Stators verschoben. Die positive Richtung dieser Verschiebung sei durch die Drehrichtung des Hauptmotors gegeben.

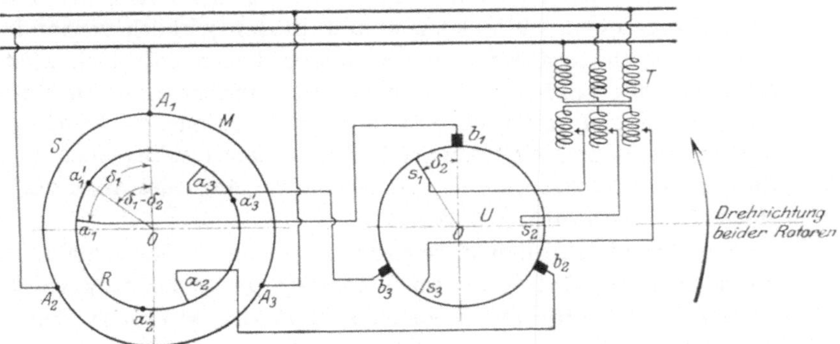

Fig. 27. **Asynchronmotor M mit Frequenzumformer U und Regeltransformator T. Nebenschlußschaltung.**

Nun liegen sowohl die Punkte $A_1 A_2 A_3$ als auch die Bürsten $b_1 b_2 b_3$ des Kommutators im Raum fest. Außerdem behalten die Punkte $a_1 a_2 a_3$ und $s_1 s_2 s_3$ während der Rotation der Rotoren von Hauptmotor und Umformer ihre gegenseitige Lage bei, da beide Rotoren mechanisch gekuppelt sind. Während der Rotation ändert sich also der Winkel $A_1 O a_1 = \partial_1$ und der Winkel $b_1 O s_1 = \partial_2$ ständig; es wachsen aber beide Winkel, wenn sich die Rotoren um einen beliebigen Winkel α drehen, um diesen gleichen Winkel α, die Differenz beider Winkel $= \partial_1 - \partial_2$ bleibt also trotz der Rotation konstant.

Werden nun in einem beliebigen Augenblick t den Schleifringen des Umformers die Ströme

$$\bar{J} \cos(\omega t + \beta)$$

$$\bar{J} \cos\left(\omega t + \beta - \frac{2\pi}{3}\right)$$

$$\bar{J} \cos\left(\omega t + \beta - \frac{4\pi}{3}\right)$$

zugeführt, so haben im gleichen Augenblick die über die Bürsten des Kommutators wegfließenden Ströme, da die Bürsten gegen die Anzapfungen um den Winkel ∂_2 verschoben sind, die Werte:

$$\left.\begin{aligned} &\bar{J}\cos(\omega t+\beta-\partial_2)\\ &\bar{J}\cos\left(\omega t+\beta-\frac{2\pi}{3}-\partial_2\right)\\ &\bar{J}\cos\left(\omega t+\beta-\frac{4\pi}{3}-\partial_2\right)\end{aligned}\right\}\text{(Vgl. S. 10)}$$

Diese Ströme werden den Punkten $a_1 a_2 a_3$ des Rotors des Hauptmotors zugeführt. Wir können nun diesen wirklich vorhandenen Zustand durch den im folgenden angegebenen gedachten Zustand ersetzen, ohne daß sich in elektrischer Hinsicht etwas ändert, solange wir mit sinusförmigen Strömen und Spannungen rechnen und ferner annehmen, daß auch die Kurve der resultierenden Durchflutung der Rotorströme des Hauptmotors längs des Ankerumfangs sinusförmig verlaufe (vgl. S. 20).

Es ändert nämlich diese Kurve ihre Lage im Raum nicht, wenn wir annehmen, daß die dem Rotor des Hauptmotors zugeführten Ströme im betrachteten Augenblick statt der wirklichen Werte die Werte

$$\begin{aligned} &\bar{J}\cos(\omega t+\beta)\\ &\bar{J}\cos\left(\omega t+\beta-\frac{2\pi}{3}\right)\\ &\bar{J}\cos\left(\omega t+\beta-\frac{4\pi}{3}\right)\end{aligned}$$

haben, daß sie aber nicht an den Punkten $a_1 a_2 a_3$, sondern an den dagegen um den Winkel $-\partial_2$ verschobenen Punkten $a_1' a_2' a_3'$ zugeführt werden. Denn wir haben den Einfluß des räumlichen Winkels zwischen den beiden Stromzuführungspunkten durch eine zeitliche Verschiebung in der Phase des zugeführten Stromes aufgehoben. Die Punkte $a_1' a_2' a_3'$, die gegen $a_1 a_2 a_3$ um $-\partial_2$ verschoben sind, sind gegen die im Raum festliegenden Punkte $A_1 A_2 A_3$ um den Winkel $\partial_1 - \partial_2$ verschoben, und da dieser Winkel, wie gezeigt, konstant ist, liegen auch die Punkte $a_1' a_2' a_3'$ im Raume fest, unabhängig von der momentanen Lage des Rotors. Wir erhalten also in jedem Augenblick die richtige Lage der Kurve der Durchflutung und des von ihr erregten Feldes im Raum, wenn wir statt der wirklich vorhandenen Stromzuführung annehmen, daß die im Raume festliegenden Punkte $a_1' a_2' a_3'$ von den Strömen

$$\bar{J}\cos(\omega t+\beta)$$

$$\bar{J}\cos\left(\omega t+\beta-\frac{2\pi}{3}\right)$$

$$\bar{J}\cos\left(\omega t+\beta-\frac{4\pi}{3}\right),$$

die die Netzfrequenz c haben, gespeist werden.

Diese Ersatzschaltung muß, wenn sie richtig ist, natürlich auch die gleiche Drehzahl der Durchflutung und des Feldes im Raum ergeben wie die wirkliche Schaltung. Bei dieser rotieren beide Rotoren mit n_r Umdrehungen in der Minute im Raum und das Feld des Hauptrotors relativ zum Rotor mit n_s Umdrehungen. Bei Berücksichtigung des Vorzeichens von n_s ist die resultierende Drehzahl des Feldes des Hauptrotors im Raum stets n_r+n_s. Bei der Ersatzschaltung dreht sich das Feld mit

$$n=\frac{60\,c}{p}$$

Umdrehungen im Raum. Da nun stets bei mechanischer Kupplung von Hauptmotor und Umformer

$$n=n_r+n_s$$

ist (vgl. S. 68), ergibt die Ersatzschaltung die richtige Drehzahl des Feldes im Raum.

Die Stromzuführung zum Rotor des Hauptmotors an im Raum festliegenden Punkten, wie es die Ersatzschaltung verlangt, geschieht am einfachsten dadurch, daß an die Rotorwicklung ein Kommutator angeschlossen wird, dem der Strom über im Raum feststehende Bürsten zugeführt wird. Damit wird aber diese Ersatzschaltung identisch mit der Schaltung des Dreiphasen-Nebenschlußkommutatormotors (Fig. 26). Der Verschiebungswinkel der Bürsten des Kommutatormotors aus der Nullage, in der Stator und Rotor in der gleichen Richtung magnetisieren, ist identisch mit dem Winkel $\partial_1-\partial_2$ bei Schaltung Fig. 27.

Die Größe dieses Winkels $\partial_1-\partial_2$ hängt bei gegebener Kupplung zwischen Rotor des Hauptmotors und Rotor des Umformers nur von der Lage der Bürsten des Umformers ab. Durch deren Verschieben im Sinn der Rotation des Rotors verschieben wir die Lage der gedachten Stromzuführungspunkte a_1' a_2' a_3' des Hauptmotors gegenüber den Punkten A_1 A_2 A_3 um den gleichen Winkel im Sinn der Drehrichtung des Feldes. Dies hat die gleiche Wirkung, wie wenn wir bei dem als Ersatz gedachten Kommutatormotor die Bürsten um den gleichen Winkel im Sinn der Drehrichtung des Feldes verschieben. Die entsprechende Überlegung gilt für die Schaltung Fig. 25b. In der bisher betrachteten Anordnung, bei der, solange s positiv ist, das Drehfeld des Umformers relativ zum Rotor im gleichen Sinn umläuft wie im Raum, verhält sich auch seine Reaktanz in gleicher Weise wie beim Kommutatormotor, wenn auch ihre Größe eine andere ist (vgl. S. 61). Sie ist bei beiden gegeben als Summe aus einem konstanten und einem der Schlüpfung proportionalen Teil. Die Reaktanz des Rotors des Hauptmotors ist der Schlüpfung proportional.

Bei Schaltung Fig. 25 liegen Stator und Rotor des Hauptmotors parallel am Netz. Es ist auch möglich, sie über den Umformer hintereinander zu schalten (Fig. 28), wodurch das Aggregat mit einem Serienkommutatormotor identisch wird. Bei hoher Netzspannung muß die Hintereinanderschaltung über einen Serientransformator mit konstantem Übersetzungsverhältnis erfolgen.

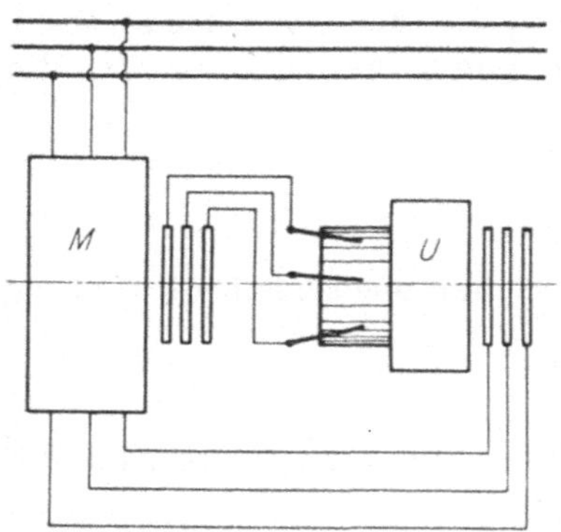

Fig. 28. Asynchronmotor M und Frequenzumformer U. Hauptschlußschaltung.

Soll die Drehzahl des Dreiphasenmotors gegenüber seiner synchronen um weniger als ca. 40 bis 50 % reguliert werden, so bietet die Anwendung eines Asynchronmotors mit Frequenzumformer gegenüber einem Kommutatormotor oft den Vorteil, daß der Kommutator im ersten Fall kleiner wird. Denn bei jeder Kommutatormaschine ist bei gegebener Leistung der über den Kommutator zu führende Strom und damit dessen Oberfläche um so kleiner, je größer der Induktionsfluß der Maschine ist. Dessen maximal zulässiger Wert ist aber durch die Größe der Transformator-EMK in den kurzgeschlossenen Spulen gegeben. Die Spannung zwischen den Bürstenkanten soll bei Anlauf ca. 7 Volt und bei Lauf ca. $3^1/_2$ Volt nicht überschreiten. Arbeitet der Motor mit konstantem Feld, unabhängig von der Drehzahl, so ist also, solange der verlangte Schlupf weniger als 50 % beträgt, mit Hinsicht auf die Transformator-EMK bei Lauf ein höherer Fluß zulässig als bei Anlauf. Das Feld des Kommutatormotors beim Anlauf zu schwächen, verbietet sich bei schweren Anlaufbedingungen dadurch, daß dann die Stromdichte unter den Bürsten zu groß wird. Die Bedingung, daß das Feld konstant ist, gilt streng nur für den Nebenschlußmotor, sie gilt aber auch angenähert, infolge der Sättigung, für den Hauptschlußmotor im untersynchronen Betrieb bei großer Verschiebung der Bürsten aus der Nullage. Der Induktionsfluß des Kommutatormotors ist nun stets so niedrig zu wählen, daß bei Anlauf der maximal zulässige Wert nicht überschritten wird, auch wenn mit Hinsicht auf die verlangte Regelung der Drehzahl bei Lauf ein größerer Fluß zulässig wäre. Ist dagegen der Kommutator räumlich vom Hauptmotor getrennt, so kann dieser mit Widerständen als normaler Asynchronmotor angelassen werden, der Umformer wird erst im Lauf zugeschaltet. Sein Kommutator ist also von der Beanspruchung beim Anlauf entlastet, die Größe seines Induktionsflusses wird nur durch die maximale Regelung der Drehzahl begrenzt.

Dieser Vorteil kann aber nur dann voll ausgenützt werden, wenn die synchrone Drehzahl, das heißt, die Polzahl des Umformers frei gewählt werden kann. Denn jede Kommutatormaschine baut sich ungünstig, wenn die Leistung pro Polpaar einen bestimmten Betrag unterschreitet, auf der andern Seite darf sie ein gegebenes Maximum nicht überschreiten. Stimmt die für den Umformer erwünschte Drehzahl mit der des Hauptmotors nicht überein, so müssen also beide durch ein Zahnradgetriebe gekuppelt werden. Riemenübertragung ist infolge des Riemenschlupfes nicht zulässig, da beide Drehzahlen in einem streng konstanten Verhältnis stehen müssen. Man hat bei dieser Anordnung freie Hand in der Wahl der Polzahl des Hauptmotors und des Umformers; wählt man die Polzahl des Umformers größer als die des Hauptmotors, so ist es speziell möglich, eine Maschine mit den Eigenschaften der Kommutatormotoren, aber mit höherer Leistung pro Polpaar des Motors, als beim Kommutatormotor möglich, zu bauen.

2. Elektrische Kupplung zwischen Asynchronmotor und Umformer.

a) Kupplung durch Hilfsmotor[1]).

Es liegt nahe, die mechanische Kupplung zwischen Hauptmotor und Umformer durch eine elektrische Kupplung zu ersetzen, indem man den Umformer durch einen doppelt gespeisten asynchronen Hilfsmotor gleicher Polzahl p_H antreiben läßt (Fig. 29). Alle folgenden Betrachtungen gelten nur für Parallelschaltung von Stator und Rotor des Hauptmotors. Das Übersetzungsverhältnis zwischen Stator und Rotor des Hilfsmotors muß das gleiche sein wie beim Hauptmotor, andernfalls ist zwischen Umformer und Hilfsmotor ein zweiter

---

[1]) Vgl. Heyland, ETZ 1911, S. 1054.

Transformator konstanten Übersetzungsverhältnisses zu schalten. Liegt der Stator des Hilfsmotors an der Netzfrequenz c, der Rotor an der Schlupffrequenz $c_s = s\,c$, so läuft er, wenn sein Drehfeld relativ zum Stator und Rotor im gleichen Sinn umläuft, mit der Drehzahl $n_r = \frac{60\,c}{p_H}(1-s)$, andernfalls mit $n_r = \frac{60\,c}{p_H}(1+s)$. Er läuft also bei jedem Wert von s mit einer der beiden Drehzahlen, die der Umformer verlangt, um sekundär Spannung der Frequenz $s\,c$ zu liefern.

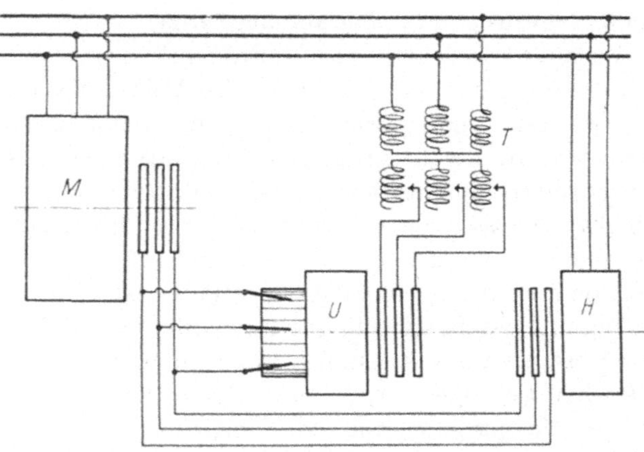

Fig. 29. Asynchronmotor M mit Frequenzumformer U und Regeltransformator T. Antrieb des Umformers durch Hilfsmotor H.

Durch diese elektrische Kupplung ändern sich die Eigenschaften des Aggregats: Hauptmotor-Umformer gegenüber der bisher betrachteten Anordnung mit mechanischer Kupplung wesentlich. Denken wir uns in Fig. 29 den Hauptmotor zunächst nicht vorhanden, so sehen wir, daß der Umformer mit dem Hilfsmotor zusammen ein mechanisch gekuppeltes Aggregat der bisher betrachteten Anordnung darstellt, dessen Eigenschaften im wesentlichen identisch mit denen eines Nebenschlußkommutatormotors sind. Die verlangte motorische Leistung des Aggregats ist gegeben. Sie ist gleich den Reibungsverlusten und den zusätzlichen Verlusten des Aggregats, soweit sie mechanisch zu decken sind. Einer bestimmten Übersetzung des Transformators T (Fig. 29) entspricht bei fester Bürstenstellung am Umformer also eine bestimmte Drehzahl des Hilfsaggregats. Der Hauptmotor kann an diesem Resultat nur dadurch etwas ändern, daß sein Rotorstrom ebenfalls über den Umformer fließt, also in dem Stromkreis: Transformator — Umformer — Rotor des Hilfsmotors einen zusätzlichen Spannungsabfall erzeugt, der in gleicher

Weise wirkt, als ob die Sekundärspannung des Transformators nach Größe und Phase geändert würde. Vernachlässigen wir zunächst diesen Spannungsabfall, setzen wir also die Impedanz des Umformers und des Transformators Null, so kann der Hauptmotor die Drehzahl des Hilfsmotors nicht beeinflussen, sie ist bei gegebener Bürstenstellung und Transformatorübersetzung konstant, unabhängig von der Belastung des Hauptmotors. Wir nehmen dabei an, daß die mechanisch zu deckenden Verluste des Umformers von seiner Belastung unabhängig seien, was nicht in aller Strenge zutrifft. Unter dieser Annahme wird also bei fester Einstellung des Transformators der Rotor des Hauptmotors von einer Spannung konstanter Frequenz gespeist, auch die Drehzahl des Hauptmotors muß konstant sein, unabhängig von der Belastung.

Der Hauptmotor hat nicht mehr die Eigenschaften eines Nebenschlußkommutatormotors; er ist ein doppelt gespeister Asynchronmotor, zeigt also im wesentlichen die Eigenschaften des Synchronmotors. Er kann als Synchronmotor aufgefaßt werden, dessen Feld nicht mit Gleichstrom, sondern mit Wechselstrom konstanter Frequenz erregt wird. Er reagiert auf eine Belastungsänderung in mechanischer Hinsicht nicht durch Änderung der Drehzahl, sondern nur dadurch, daß bei gegebenem Momentanwert der primären und sekundären Spannung sich die relative Lage des Rotors gegenüber dem Stator ändert. Bei gegebener Belastung ist anderseits die Lage des Rotors durch die momentanen Werte der dem Stator und dem Rotor aufgedrückten Spannungen eindeutig festgelegt.

Im vorliegenden Fall ist aber bei gegebenem Momentanwert der Netzspannung der Wert der dem Rotor des Hauptmotors aufgedrückten Spannung noch unbestimmt. Denn er hängt ab von dem momentanen Wert des Winkels zwischen den Bürsten des Umformers und den zu den Schleifringen führenden Anzapfungen, d. h. er hängt von der momentanen Lage des Rotors des Umformers ab (vgl. S. 72). Nun kann aber der rotierende Teil des Umformers und der des mit ihm gekuppelten Hilfsmotors, ebenso wie der Rotor jedes Kommutatormotors, bei gegebenem Momentanwert der Netzspannung noch jede beliebige Lage einnehmen, es kann also auch trotz gegebenem Momentanwert der Netzspannung die dem Rotor des Hauptmotors aufgedrückte Spannung jeden überhaupt möglichen Momentanwert haben.

Jeder Lage der Rotoren des Hilfsaggregats entspricht aber bei gegebener Belastung eine bestimmte Lage des Rotors des Hauptmotors. Denn die Rotoren von Hilfsmotor und Hauptmotor sind gegeneinander geschaltet. In dem dadurch gebildeten Stromkreis muß die Summe der induzierten EMKe gleich der Summe der Spannungsabfälle sein. Die momentane Summe der induzierten EMKe hängt aber von der relativen Lage beider Rotoren gegeneinander ab, die demnach für einen bestimmten Spannungsabfall gegeben ist. Diese Lage wechselt mit dem Spannungsabfall, d. h. mit der Belastung.

Die Lage des Rotors des Umformers im Raum bestimmt also bei gegebener Belastung auch die Lage des Rotors des Hauptmotors; da nun die Lage des Rotors des Umformers unabhängig ist vom momentanen Wert der Netzspannung, gilt das gleiche auch für den Rotor des Hauptmotors.

Da der Hilfsmotor mit dem Umformer mechanisch gekuppelt ist, ändert sich das Verhalten des Hilfsmotors nicht, wenn wir an Stelle des wirklichen Stromverlaufs annehmen, daß sein Rotor an im Raum festliegenden Punkten von einer Spannung der Netzfrequenz gespeist werde (vgl. S. 70). Solange der Rotor des Hauptmotors seine Lage relativ zu dem des Hilfsmotors nicht ändert, muß sich auch das Verhalten des Hauptmotors durch die gleiche Annahme erklären lassen. Verschieben sich beide Rotoren bei einer Änderung der Belastung gegeneinander, so muß sich für den Hauptmotor die Lage dieser gedachten Punkte ebenfalls verschieben, da sie für den Hilfsmotor konstant ist. Wir können demnach den Hauptmotor auffassen als Nebenschlußkommutatormotor, dessen Bürsten automatisch in bestimmter Abhängigkeit von der Belastung verschoben werden. Da, wie wir sahen, die Drehzahl des Hauptmotors konstant bleibt, unabhängig von der Belastung, ist der Zusammenhang zwischen Bürstenstellung und Belastung gegeben durch diese Bedingung, daß die Drehzahl des Hauptmotors konstant bleiben muß.

Lassen wir dagegen die Annahme fallen, daß die Impedanz des Umformers Null sei, so erzeugt der dem Rotor des Hauptmotors über den Umformer zugeführte Strom in diesem einen Spannungsabfall und beeinflußt dadurch die Drehzahl des Hilfsmotors und des Umformers ebenso, wie eine Änderung des Rotorwiderstandes des Nebenschlußkommutatormotors dessen Drehzahl beeinflußt. Bei einer Änderung der Drehzahl des Umformers ändert sich aber auch die Frequenz der Spannung zwischen den Bürsten des Kommutators. Es ändert sich also die Frequenz der Spannung, die am Rotor des Hauptmotors anliegt, mit dessen Belastung, es hängt auch die Drehzahl des Hauptmotors von der Belastung ab. Die gegenseitige Lage der Rotoren von Hauptmotor und Umformer wechselt wieder mit der Belastung, es wechselt also, wenn wir den Hauptmotor als Kommutatormotor auffassen, die Lage der gedachten Stromzuführungspunkte zu seinem Rotor. Nur wenn wir die Reaktanzen der Rotoren von Hauptmotor und Hilfsmotor sehr klein und die Widerstände gleich Null annehmen, ist die gegenseitige Lage beider Rotoren konstant, unabhängig von der Belastung. Denn wenn sich ein Rotor aus der Lage, in der die Summe der in beiden Rotoren induzierten EMKe gleich Null ist, entfernt, tritt ein sehr starker Ausgleichsstrom auf, der ihn in die richtige Lage gegenüber dem andern Rotor zurückzieht. Der Spannungsabfall in den beiden Statoren ist dabei gleich Null gesetzt. Aber auch in diesem Fall hat der Hauptmotor nicht die Eigenschaften des Nebenschlußkommutatormotors mit fester Bürstenstellung. Denn seine Drehzahl wird stets bestimmt durch die des Hilfsmotors. Auf diese sind die gleichen Größen von Einfluß wie beim Kommutatormotor, außerdem aber noch die Höhe der mechanisch zu deckenden Verluste von Umformer und Hilfsmotor bei der betr. Drehzahl, eine Größe, die beim Kommutatormotor nicht auftritt.

Um das Verhalten des Hauptmotors in Abhängigkeit von Belastung, Bürstenstellung und Transformatorübersetzung bestimmen zu können, muß also bekannt sein, wie sich die mechanischen Verluste des Hilfsaggregats in Funktion der Drehzahl ändern. Im allgemeinen ist dieser Zusammenhang nicht durch eine einfache Funktion gegeben, wodurch die rechnerische Behandlung des Problems sehr erschwert oder auch unmöglich wird. Auch wenn wir darüber vereinfachende Annahmen machen, wird die Berechnung des Arbeitskurven dadurch erschwert, daß sich Hauptmotor und Hilfsaggregat gegenseitig beeinflussen. Das Verhalten des Hauptmotors wird bestimmt durch das Hilfsaggregat, dessen Drehzahl aber wieder vom Strom des Hauptmotors abhängt.

In den folgenden Gleichungen stellen deutsche Buchstaben Vektoren dar, die entsprechenden lateinischen Buchstaben deren Zahlenwert. Sämtliche Bezeichnungen geben den Wert pro Phase.

Es bedeutet:

$\mathfrak{P}_1$ = Netzspannung.

$\mathfrak{P}_2'$ = Primärspannung des Umformers, reduziert auf gleiche effektive Windungszahl in Stator und Rotor des Hauptmotors.

Das Übersetzungsverhältnis zwischen Stator und Rotor des Hauptmotors sei das gleiche wie das des Hilfsmotors. $\mathfrak{P}_2'$ bedeutet also gleichzeitig auch die auf gleiche Windungszahlen beim Hilfsmotor reduzierte Primärspannung des Umformers.

Wir denken uns die Impedanz des vorgeschalteten Transformators in den Umformer verlegt. Den Magnetisierungsstrom des Transformators und des Umformers vernachlässigen wir. Unter diesen Annahmen wird $\mathfrak{P}_2' = \frac{P_2'}{P_1} \mathfrak{P}_1$ und ist phasengleich mit $\mathfrak{P}_1$.

$-\mathfrak{E}_1$ = im Stator des Hauptmotors vom Drehfeld induzierte EMK.

$\mathfrak{J}_1$ = Statorstrom des Hauptmotors.

$\mathfrak{J}_a$ = Magnetisierungsstrom des Hauptmotors.

$\mathfrak{J}_c = \mathfrak{J}_1 - \mathfrak{J}_a$ = der Teil des Statorstromes, dessen Durchflutung der des Rotorstromes entgegengesetzt gleich ist.

$\mathfrak{J}_2'$ = Rotorstrom des Hauptmotors, reduziert auf gleiche effektive Windungszahl von Stator und Rotor.

$\mathfrak{Z}_1$ = Kurzschlußimpedanz des Stators des Hauptmotors.

$\mathfrak{Z}_a$ = Leerlaufimpedanz des Stators des Hauptmotors.

$\mathfrak{Z}_2'$ = reduzierte Kurzschlußimpedanz des Rotors des Hauptmotors.

W_a = die vom Stator des Hauptmotors auf das Drehfeld übertragene Leistung.

Die gleichen Buchstaben, mit dem Index H versehen, bezeichnen die entsprechenden Größen für den Hilfsmotor.

$\mathfrak{Z}_3'$ = Kurzschlußimpedanz von Umformer und Transformator.

ϱ_1 = Verschiebungswinkel der gedachten, im Raum festliegenden Stromzuführungspunkte zum Rotor des Hilfsmotors gegenüber den Stromzuführungen zum Stator. ϱ_1 ist identisch mit dem Bürstenverschiebungswinkel des als Ersatz gedachten Kommutatormotors (S. 78). ϱ_1 ist konstant bei fester Einstellung der Bürsten des Umformers. Positives ϱ_1 bedeute eine Verschiebung der Bürsten des Umformers entgegengesetzt der Drehrichtung des Rotors, wobei sich auch die gedachten Stromzuführungspunkte des Hilfsmotors entgegengesetzt der Drehrichtung bewegen.

ϱ = Verschiebungswinkel der gedachten Stromzuführungspunkte zum Rotor des Hauptmotors gegenüber den Stromzuführungen zu dessen Stator. ϱ ist positiv bei Verschiebung dieser gedachten Punkte entgegen der Drehrichtung des Motors. ϱ variiert bei gegebener Stellung der Bürsten des Umformers mit der Belastung.

$\beta = \varrho_1 - \varrho$.

s = Schlüpfung des Hauptmotors gegenüber seinem Drehfeld.

Das Verhalten des Aggregats ist nun gegeben durch die folgenden Gleichungen:

$$\mathfrak{P}_1 = \mathfrak{E}_1 + \mathfrak{J}_1 \mathfrak{Z}_1 = \mathfrak{E}_1 + \mathfrak{J}_a \mathfrak{Z}_1 + \mathfrak{J}_c \mathfrak{Z}_1 = \mathfrak{E}_1 + \frac{\mathfrak{E}_1}{\mathfrak{Z}_a} \mathfrak{Z}_1 + \mathfrak{J}_c \mathfrak{Z}_1 .$$

$$\mathfrak{P}_1 = \mathfrak{E}_1 \mathfrak{C} + \mathfrak{J}_c \mathfrak{Z}_1 \quad \ldots \ldots \quad (42)$$

wobei

$$\mathfrak{C} = 1 + \frac{\mathfrak{Z}_1}{\mathfrak{Z}_a} \text{ ist.}$$

$$\mathfrak{P}_2' = \mathfrak{P}_1 \frac{P_2'}{P_1} = s\,\mathfrak{E}_1\, e^{-j\varrho}[1] + \mathfrak{J}_2'(\mathfrak{Z}_2' + \mathfrak{Z}_3') + \mathfrak{J}_{2H}'\mathfrak{Z}_3' \quad \ldots \quad (43)$$

$$W_a = E_1 J_c \cos \sphericalangle (\mathfrak{E}_1, \mathfrak{J}_c) \quad \ldots \quad (44)$$

$$\mathfrak{J}_c = -\mathfrak{J}_2' e^{j\varrho} \quad \ldots \quad (45)$$

$$\mathfrak{P}_1 = \mathfrak{E}_{1H} + \mathfrak{J}_{1H}\mathfrak{Z}_{1H} = \mathfrak{E}_{1H}\mathfrak{C}_H + \mathfrak{J}_{cH}\mathfrak{Z}_{1H} \quad \ldots \quad (46)$$

wobei

$$\mathfrak{C}_H = 1 + \frac{\mathfrak{Z}_{1H}}{\mathfrak{Z}_{aH}} \text{ ist.}$$

$$\mathfrak{P}_1 \frac{P_2'}{P_1} = s\,\mathfrak{E}_{1H} e^{-j\varrho_1} + \mathfrak{J}_{2H}'(\mathfrak{Z}_{2H}' + \mathfrak{Z}_3') + \mathfrak{J}_2'\mathfrak{Z}_3' \quad \ldots \quad (47)$$

$$W_{aH} = f(s) = E_{1H} J_{cH} \cos \sphericalangle (\mathfrak{E}_{1H}, \mathfrak{J}_{cH}) \quad \ldots \quad (48)$$

$$\mathfrak{J}_{cH} = -\mathfrak{J}_{2H}' e^{j\varrho_1} \quad \ldots \quad (49)$$

Wir haben also acht Gleichungen mit neun Unbekannten $\mathfrak{E}_1$, $\mathfrak{J}_c$, s, ϱ, $\mathfrak{J}_2'$, W_a, $\mathfrak{E}_{1H}$, $\mathfrak{J}_{cH}$, $\mathfrak{J}_{2H}'$. Die Funktion $W_{aH} = f(s)$ muß gegeben sein. Gesucht ist die Funktion $W_a = \varphi(s)$. Gleichung 48 gibt aber, wenn z. B. $\mathfrak{E}_{1H}$ bekannt ist, noch nicht Größe und Phase des Stromes $\mathfrak{J}_{cH}$, sondern nur die Größe von dessen Wattkomponente. Wir müssen deshalb zur Bestimmung von $W_a = \varphi(s)$ die Gleichungen 42, 43, 45, 46, 47, 49 in je zwei Gleichungen zerlegen dadurch, daß wir alle Ströme und Spannungen in ihre Komponenten nach zwei an sich beliebigen, aufeinander senkrechten Richtungen zerlegen. An Stelle je einer Unbekannten für die einzelnen Spannungen und Ströme treten deren zwei, wir haben vierzehn Gleichungen mit fünfzehn Unbekannten, die Funktion $W_a = \varphi(s)$ läßt sich bestimmen.

Einfacher kommen wir aber mit dem folgenden, teilweise graphischen Verfahren zum Ziel. Wir bestimmen den Zusammenhang zwischen $\mathfrak{J}_{cH}$, s und ϱ.

Aus Gl. 46 folgt:

$$\mathfrak{E}_{1H} = \frac{\mathfrak{P}_1}{\mathfrak{C}_H} - \mathfrak{J}_{cH}\frac{\mathfrak{Z}_{1H}}{\mathfrak{C}_H}.$$

Wir setzen diesen Wert in Gl. 47 ein, multiplizieren die Gleichung mit $e^{+j\varrho_1}$ und berücksichtigen Gl. 49.

$$\mathfrak{P}_1 \frac{P_2'}{P_1} e^{j\varrho_1} = s\frac{\mathfrak{P}_1}{\mathfrak{C}_H} - \mathfrak{J}_{cH}\frac{s\,\mathfrak{Z}_{1H}}{\mathfrak{C}_H} - \mathfrak{J}_{cH}(\mathfrak{Z}_{2H}' + \mathfrak{Z}_3') + \mathfrak{J}_2'\mathfrak{Z}_3' e^{j\varrho_1} \quad . \; (50)$$

Ferner ist

$$\mathfrak{J}_2' e^{j\varrho_1} = -\mathfrak{J}_c e^{-j\varrho} e^{+j\varrho_1} = -\mathfrak{J}_c e^{j\beta}.$$

[1]) Die Multiplikation eines Vektors mit $e^{-j\varrho}$ bedeutet eine Verdrehung des Vektors um den Winkel ϱ im Sinn der Voreilung.

Damit folgt aus Gl. 50

$$\mathfrak{J}_{cH}\left(\mathfrak{Z}'_{2H}+\mathfrak{Z}_3'+\frac{s\,\mathfrak{Z}_{1H}}{\mathfrak{E}_H}\right)=s\,\frac{\mathfrak{P}_1}{\mathfrak{E}_H}-\mathfrak{P}_1\,\frac{P_2'}{P_1}\,e^{j\varrho_1}-\mathfrak{J}_c\,\mathfrak{Z}_3'\,e^{j\beta}\quad.\ (51)$$

In gleicher Weise folgt aus Gl. 42

$$\mathfrak{E}_1=\frac{\mathfrak{P}_1}{\mathfrak{E}}-\mathfrak{J}_c\,\frac{\mathfrak{Z}_1}{\mathfrak{E}}$$

und aus Gl. 43

$$\mathfrak{P}_1\,\frac{P_2'}{P_1}\,e^{j\varrho}=s\,\frac{\mathfrak{P}_1}{\mathfrak{E}}-\mathfrak{J}_c\,\frac{s\,\mathfrak{Z}_1}{\mathfrak{E}}-\mathfrak{J}_c\,(\mathfrak{Z}_2'+\mathfrak{Z}_3')+\mathfrak{J}'_{2H}\,\mathfrak{Z}_3'\,e^{j\varrho}\qquad(52)$$

Den letzten Ausdruck können wir vernachlässigen. Denn der Spannungsabfall im Umformer, erzeugt durch den Strom des Hilfsmotors, beträgt nur wenige Prozente von dem durch den Strom des Hauptmotors verursachten Abfall, entsprechend dem Größenverhältnis beider Maschinen.

Damit folgt aus Gl. 52

$$\mathfrak{J}_c=\frac{1}{\mathfrak{Z}_2'+\mathfrak{Z}_3'+\frac{s\,\mathfrak{Z}_1}{\mathfrak{E}}}\left(s\,\frac{\mathfrak{P}_1}{\mathfrak{E}}-\mathfrak{P}_1\,\frac{P_2'}{P_1}\,e^{j\varrho}\right)\quad.\ .\ .\ .\ (53)$$

Wir setzen Gl. 53 in Gl. 51 ein und berücksichtigen, daß $e^{j\varrho}\cdot e^{j\beta}=e^{j\varrho_1}$ ist.

Damit folgt

$$\mathfrak{J}_{cH}\,\frac{\mathfrak{Z}'_{2H}+\mathfrak{Z}_3'+\frac{s\,\mathfrak{Z}_{1H}}{\mathfrak{E}_H}}{s}-\frac{\mathfrak{P}_1}{\mathfrak{E}_H}=\frac{\mathfrak{P}_1}{s}\,\frac{P_2'}{P_1}\,e^{j\varrho_1}\left(\frac{\mathfrak{Z}_3'}{\mathfrak{Z}_2'+\mathfrak{Z}_3'+\frac{s\,\mathfrak{Z}_1}{\mathfrak{E}}}-1\right)$$

$$-\frac{\frac{\mathfrak{P}_1}{\mathfrak{E}}\,\mathfrak{Z}_3'}{\mathfrak{Z}_2'+\mathfrak{Z}_3'+\frac{s\,\mathfrak{Z}_1}{\mathfrak{E}}}\,e^{j\beta}\quad.\ .\ .\ .\ .\ .\ .\ .\ (54)$$

$\mathfrak{J}_{cH}$ ist noch unbekannt. Wir setzen $W_{aH}=f(s)=$ konstant, wir nehmen also an, daß das Drehmoment der Reibung für Hilfsmotor und Umformer konstant sei, unabhängig von der Drehzahl. Diese Annahme ist nicht richtig; da aber doch das Drehmoment der Reibung, speziell der Bürstenreibung, auch bei konstanter Drehzahl während des Betriebs variiert, erscheint es zwecklos, durch eine weniger einfache Annahme den Gang der Rechnung zu erschweren. Wir vernachlässigen ferner den Spannungsabfall im Stator des Hilfsmotors, setzen also $\mathfrak{E}_{1H}=\mathfrak{P}_1$. Damit ist die Wattkomponente des Stromes $\mathfrak{J}_{cH}$ gegeben $= \frac{W_{aH}}{P_1}$. Gl. 54 gibt nun für beliebige Schlüpfung den Zusammenhang zwischen $\mathfrak{J}_{cH}$ und $e^{j\beta}$. Am einfachsten erfolgt die Bestimmung auf graphischem Weg (Fig. 30). Wir tragen den bekannten Vektor $\mathfrak{P}_1 = OP_1$ und die ebenfalls bekannte Wattkomponente von $\mathfrak{J}_{cH} = OA_1$ in der Ordinatenachse ab. Die Größe des wattlosen Stromes ist nicht bekannt. Der Endpunkt des Vektors $\mathfrak{J}_{cH}$ liegt also auf der Geraden $A - A$. Wir multiplizieren die Gerade mit $\frac{\mathfrak{Z}_{2H}' + \mathfrak{Z}_3' + \frac{s\,\mathfrak{Z}_{1H}}{\mathfrak{C}_H}}{s}$ und erhalten die Gerade $A' - A'$. Dem Punkt A_1 entspricht A_1'. Der Endpunkt des Vektors

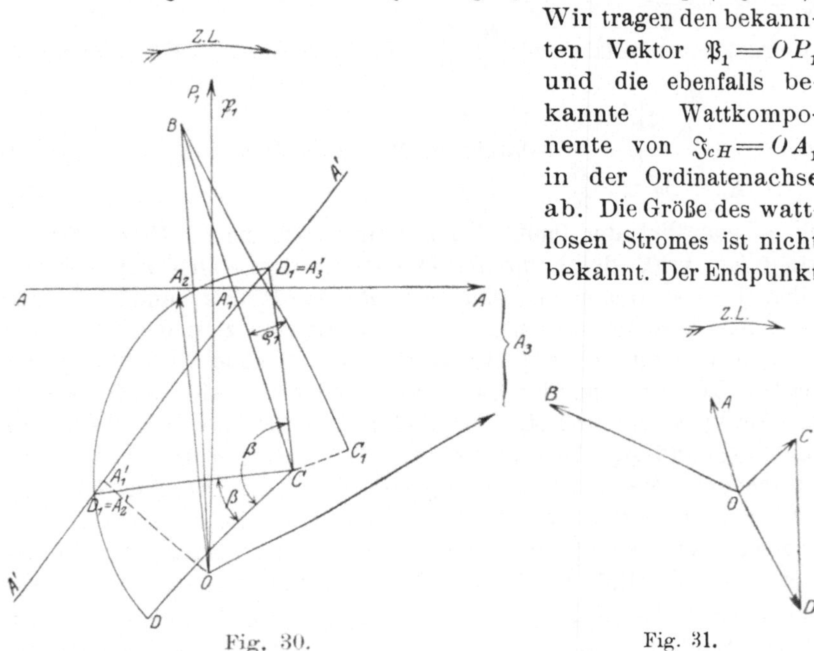

Fig. 30. Fig. 31.

$$\mathfrak{J}_{cH} \frac{\mathfrak{Z}_{2H}' + \mathfrak{Z}_3' + \frac{s\,\mathfrak{Z}_{1H}}{\mathfrak{C}}}{s}$$

auf der Geraden $A' - A'$ ist ebenfalls unbekannt. Von diesem Vektor ist die Größe $\frac{\mathfrak{P}_1}{\mathfrak{C}_H} = OB$ zu subtrahieren. Die Strecke von B bis zu dem zunächst unbekannten Punkt auf $A' - A'$ stellt die linke Seite der Gl. 54 dar. Es sind nun auch die Vektoren der rechten Seite aufzutragen. In Fig. 31 stellt OA den Vektor $\mathfrak{Z}_3'$, OB den Vektor $\mathfrak{Z}_2' + \mathfrak{Z}_3' + \frac{s\,\mathfrak{Z}_1}{\mathfrak{C}}$ dar. Der Ausdruck $\frac{\mathfrak{Z}_3'}{\mathfrak{Z}_2' + \mathfrak{Z}_3' + \frac{s\,\mathfrak{Z}_1}{\mathfrak{C}}}$ ist also gegeben durch OC. Wir subtrahieren von dieser Strecke den Vektor 1, der mit der Ordinatenachse zusammenfällt, gleich DC; OD stellt den Ausdruck

$$\frac{\mathfrak{Z}_3'}{\mathfrak{Z}_2'+\mathfrak{Z}_3'+\frac{s\,\mathfrak{Z}_1}{\mathfrak{C}}}-1$$

dar. In Fig. 30 gibt Strecke BC_1 den gleichen Ausdruck, multipliziert mit $\frac{\mathfrak{P}_1}{s}\frac{P_2'}{P_1}$. Es ist $BC_1 \cdot e^{j\varrho_1} = BC$. Davon ist

$$DC = \frac{\frac{\mathfrak{P}_1}{\mathfrak{C}}\,\mathfrak{Z}_3'}{\mathfrak{Z}_2'+\mathfrak{Z}_3'+\frac{s\,\mathfrak{Z}_1}{\mathfrak{C}}}$$

subtrahiert. Bei Multiplikation des Vektors CD mit $e^{j\beta}$ wandert der Punkt D auf dem Kreis um C. Damit Gl. 54 erfüllt ist, muß der Endpunkt D_1 des Vektors $CDe^{j\beta}$ auf der Geraden $A'—A'$ liegen. Es gibt zwei Punkte $D_1 = A_2'$ und $D_1 = A_3'$, die dieser Bedingung genügen. Sie bestimmen zwei bei der angenommenen Drehzahl mögliche Werte von β. Eine Verdrehung des Vektors CD im Sinn des Uhrzeigers bedeutet positiven Winkel β. Den Punkten A_2' und A_3' entsprechen auf der Geraden $A—A$ die Punkte A_2 und A_3. Es sind also die den beiden Werten von β entsprechenden Werte von $\mathfrak{J}_{cH}$ gegeben durch die Strecken OA_2 und OA_3. Bei gleichem Wert der Wattkomponente haben die wattlosen Komponenten wesentlich verschiedene Werte. Durch die beiden Werte von β sind die für den Hauptmotor möglichen Werte des Bürstenverstellwinkels $\varrho = \varrho_1 - \beta$ gegeben. Gl. 53 liefert die den beiden Werten von ϱ entsprechenden Ströme $\mathfrak{J}_c$ und damit das Drehmoment des Hauptmotors (vgl. Gl. 42 und 44).

Bei gegebener Drehzahl und Bürstenstellung ist also das Verhalten des Aggregats noch nicht eindeutig festgelegt. Es können die Rotoren von Hauptmotor und Hilfsmotor eine solche gegenseitige Lage haben, daß die Momentanwerte der in ihnen induzierten EMKe annähernd entgegengesetzt gleich sind. In dem Fall ist β klein. Die beiden EMKe können aber auch um einen beträchtlichen Winkel gegeneinander phasenverschoben sein, β ist groß, es fließt ein starker Ausgleichstrom. In dem Fall ist die wattlose Komponente des Stromes $\mathfrak{J}_{cH}$ im Stator des Hilfsmotors groß. Die Vernachlässigung des Spannungsabfalls dieses Stromes ist nicht mehr zulässig, das abgeleitete Diagramm ist nicht mehr richtig.

Für den normalen Betrieb kommt aber überhaupt nur der kleinere Wert von β in Frage, denn nur dann arbeiten Hauptmotor und Hilfsmotor beide bei einem günstigen Wert des Bürstenverstellwinkels. Läßt man Hauptmotor und Hilfsmotor getrennt anlaufen und schaltet sie gegeneinander in dem Augenblick, da ihre Rotorspannungen entgegengesetzt gleich sind, so arbeitet das Aggregat zunächst mit dem kleineren Wert von β. Einer Änderung von β entspricht eine Verschiebung beider Rotoren gegeneinander (vgl. S. 78). Können sich während des Laufs die beiden Rotoren so weit gegeneinander verschieben, daß β den zweiten an sich möglichen Wert annimmt, so ist ein normaler Betrieb ausgeschlossen. Es tritt aber, wie die folgende Überlegung zeigt, bei der Verschiebung beider Rotoren eine Kraft auf, die sie in ihre frühere Lage zurückzieht. Sie ist in ihrer Wirkung der synchronisierenden Kraft bei der Synchronmaschine ähnlich. Eine gegenseitige Verschiebung der Rotoren tritt nur ein, wenn sie vorübergehend mit etwas verschiedener Geschwindigkeit laufen. Wir betrachten noch einmal Fig. 27, in der aber Hauptmotor und Umformer nicht mehr gekuppelt seien. Wenn der Hauptmotor schneller läuft als der Umformer mit dem Hilfsmotor, also schneller, als der Frequenz der Ströme entspricht, die seinem Rotor zugeführt werden, so bewirkt dies, daß die gedachten Stromzuführungspunkte $a_1' a_2' a_3'$ sich im Sinn der Rotation des Rotors bewegen; es wird also der Bürstenverstellwinkel ϱ für den Hauptmotor kleiner, da positives ϱ eine Verschiebung der Bürsten aus der Nullage entgegen der Rotation des Rotors bedeutet.

Nun kann man sich das Verhalten des Dreiphasen-Nebenschlußkommutatormotors auf die folgende Weise erklären. Man denkt sich die Rotorspannung P_2, die, in Phase mit der Statorspannung, dem Rotor an Punkten zugeführt wird, die gegen die Zuführungspunkte des Stators um den Winkel ϱ verschoben sind, zerlegt in zwei Teile, die beide in Phase mit der Statorspannung sind. Den einen Teil, $P_2 \sin \varrho$, denkt man sich an Punkten zugeführt, die um 90^0 gegen die Stromzuführungspunkte des Stators verschoben sind. Er bedingt die Phasenverschiebung zwischen Statorstrom und Statorspannung, ist aber fast ohne Einfluß auf die Drehzahl. Die Zuführungspunkte der zweiten Komponente der Spannung, $P_2 \cos \varrho$, haben gleiche Lage wie die des Stators. Diese Spannung bedingt die Drehzahl des Motors. Wenn sie im Sinn der Statorspannung wirkt ($\varrho < 90^0$), liegt die Leerlaufdrehzahl des Motors unter Synchronismus, wenn sie dagegen um 180^0 verschoben ist, liegt die Leerlaufdrehzahl über Synchronismus. Der Winkel ϱ muß stets positiv sein, da der Motor nur dann mit günstiger Phasenverschiebung arbeitet. Wenn also ϱ kleiner wird, wächst die Komponente $P_2 \cos \varrho$, die Leerlaufdrehzahl des Motors sinkt, sein Drehmoment bei gegebener Drehzahl wird kleiner.

Das gleiche gilt für das Aggregat Hauptmotor-Umformer. Wenn infolge der Steigerung der Drehzahl des Hauptmotors ϱ kleiner wird, sinkt sein Drehmoment. Bei gegebenem Lastdrehmoment ist aber die Voraussetzung für eine Steigerung der Drehzahl eine Erhöhung des vom Hauptmotor ausgeübten Drehmoments. Die Rotoren von

Hauptmotor und Hilfsmotor werden also in der gegenseitigen Lage, in der das Drehmoment des Hauptmotors den verlangten Wert hat, festgehalten (vgl. aber Kap. 3 S. 89); der Übergang von dem einen möglichen Wert von β zu dem zweiten Wert ist ausgeschlossen. Die Frage, wie sich das Aggregat bei einer Belastungsänderung und der dadurch bedingten Änderung der Drehzahl verhält, sei nicht untersucht.

Der Winkel β hängt von der Belastung ab, er soll speziell beim normalen Belastungspunkt möglichst klein sein.

Es sei

$$\frac{\mathfrak{Z}_{1H}}{\mathfrak{Z}_1} = \frac{\mathfrak{Z}_{aH}}{\mathfrak{Z}_a} = \frac{\mathfrak{Z}'_{2H}}{\mathfrak{Z}'_2} = d.$$

Für denjenigen Arbeitspunkt, für den auch

$$\frac{\mathfrak{J}_c}{\mathfrak{J}_{cH}} = d$$

ist, wird $\beta = 0$. Denn unter diesen Voraussetzungen gehen die Gleichungen 50 und 52 über in:

$$\mathfrak{P}_1 \frac{P_2'}{P_1} e^{j\varrho_1} = \frac{s\mathfrak{P}_1}{\mathfrak{C}} - \frac{s\mathfrak{J}_c\mathfrak{Z}_1}{\mathfrak{C}} - \mathfrak{J}_c\mathfrak{Z}_2' - \mathfrak{Z}_3'(\mathfrak{J}_{cH} - \mathfrak{J}_2' e^{j\varrho_1}).$$

und

$$\mathfrak{P}_1 \frac{P_2'}{P_1} e^{j\varrho} = \frac{s\mathfrak{P}_1}{\mathfrak{C}} - \frac{s\mathfrak{J}_c\mathfrak{Z}_1}{\mathfrak{C}} - \mathfrak{J}_c\mathfrak{Z}_2' - \mathfrak{Z}_3'(\mathfrak{J}_c - \mathfrak{J}_{2H}' e^{j\varrho})$$

Die Subtraktion der 2. Gleichung von der 1. ergibt:

$$\mathfrak{P}_1 \frac{P_2'}{P_1}(e^{j\varrho_1} - e^{j\varrho}) = \mathfrak{Z}_3'(\mathfrak{J}_c - \mathfrak{J}_{cH}) + \mathfrak{Z}_3'(\mathfrak{J}_2' e^{j\varrho_1} - \mathfrak{J}_{2H}' e^{j\varrho})$$

und diese Bedingung ist für $\varrho = \varrho_1$, also $\beta = 0$, erfüllt. In dem Falle ist auch, wie ohne Schwierigkeit zu erkennen ist, $\frac{W_a}{W_{aH}} = d$, die beiden Motoren sind „ähnlich".

Die genaue punktweise Bestimmung der Arbeitskurven des Hauptmotors ohne jede Vernachlässigung geschieht auf ähnlichem Weg wie oben und bietet prinzipiell keine weiteren Schwierigkeiten, ist aber wenig übersichtlich und sei übergangen.

Überblick über die Resultate des Kap. 2a.

Während also, wie wir in Kapitel 1 des 2. Teils sahen, bei starrer Kupplung zwischen Hauptmotor und Umformer das Aggregat die Eigenschaften eines Dreiphasen-Nebenschlußkommutatormotors hat, gilt dies nicht mehr, wenn die rotierenden Teile von Hauptmotor und Umformer die Möglichkeit haben, sich gegeneinander zu bewegen, wie es bei Antrieb des Umformers durch einen Hilfsmotor der Fall ist. Die Drehzahl des Hauptmotors wird bestimmt durch die Frequenz der Ströme, die der Umformer in den Rotor des Hauptmotors schickt, und diese Frequenz hängt von der Drehzahl des Umformers und des Hilfsmotors ab. Ist also die Drehzahl des Hilfsmotors streng konstant, unabhängig von der Belastung des Hauptmotors, so muß auch dessen Drehzahl konstant sein; er arbeitet als doppeltgespeister Asynchronmotor, dessen Stator und Rotor Spannungen konstanter Frequenz aufgedrückt werden.

Wenn dagegen bei einer Änderung der Belastung die dadurch bewirkte Änderung in der Stromaufnahme des Hauptmotors die Drehzahl des den Umformer antreibenden Hilfsmotors beeinflußt, ändert sich die Drehzahl des Hauptmotors etwas mit der Belastung; er behält aber auch in diesem Falle Nebenschlußcharakteristik.

Auch wenn keine starre Kupplung zwischen Hauptmotor und Umformer vorhanden ist, können die Eigenschaften des Hauptmotors doch durch die des Nebenschlußkommutatormotors erklärt werden, wenn wir bei diesem annehmen, daß seine Bürsten automatisch in bestimmter Abhängigkeit von der Belastung verschoben werden. Wird der Umformer durch einen doppeltgespeisten Asynchronmotor angetrieben, dessen Rotor seinen Strom von der Sekundärseite des Umformers erhält, so kann der Hilfsmotor als Kommutatormotor mit fester Bürstenstellung aufgefaßt werden. Bei gegebener Belastung sind für den den Hauptmotor ersetzenden Kommutatormotor stets zwei Werte des Bürstenverstellwinkels möglich. Für den praktischen Betrieb kommt nur der Wert in Frage, der dem gedachten Bürstenverstellwinkel des Hilfsmotors näher liegt. Durch eine der „synchronisierenden Kraft" bei der Synchronmaschine ähnliche Wirkung wird der Hauptmotor gezwungen, dauernd mit diesem Bürstenwinkel zu arbeiten und kann nicht von selbst auf den zweiten, an sich auch möglichen Wert übergehen.

b) Der freilaufende Umformer[1]).

Hilfsmotor und Umformer stellen zusammen einen Kommutatormotor dar. Der Umformer allein kann dagegen nicht motorisch oder generatorisch, sondern nur als Transformator arbeiten (vgl. S. 19), solange er nur auf dem rotierenden Teil eine Wicklung trägt. Ordnen wir aber auch auf dem Stator eine Dreiphasenwicklung an, so kann der Umformer frei laufen, der Antriebsmotor ist unnötig. Da die Frequenz der Statorströme der Drehzahl des Feldes im Raum entsprechen muß, muß die Statorwicklung stets von den

---

1) Vgl. Jonas, D. R. P. 178461.

Kommutatorströmen gespeist werden. Am einfachsten wird die Schaltung, wenn an den Bürsten zugleich die Netzspannung anliegt (Fig. 32). Die Figur zeigt, daß in dem Fall der Umformer identisch ist mit einem normalen Nebenschlußkommutatormotor nach Fig. 26, mit dem einzigen Unterschied, daß über den Rotor noch ein zusätzlicher Strom, der Rotorstrom des Hauptmotors, geleitet wird. Die dem Stator aufgedrückte Spannung hat konstante Größe und Frequenz, bei Vernachlässigung des Spannungsabfalls ist auch das Drehfeld konstant. Dem Rotor wird eine variable Spannung aufgedrückt.

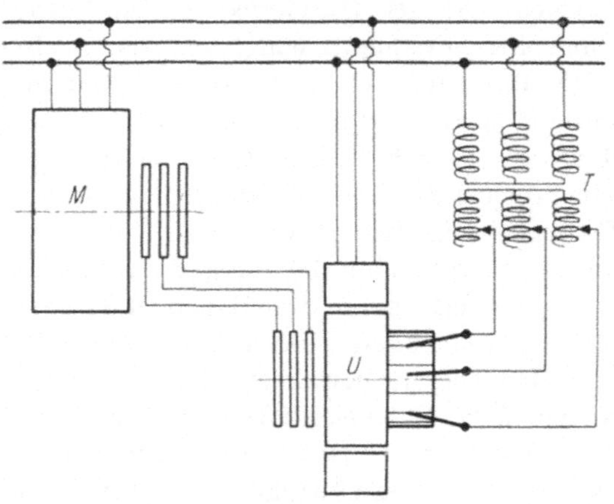

Fig. 32. Asynchronmotor M mit freilaufendem Frequenzumformer U und Regeltransformator T. Die Netzspannung speist die Kommutatorseite des Umformers.

Speist die Netzspannung die Schleifringe, so muß die Statorwicklung wieder im Nebenschluß zu den Bürsten liegen. Die relative Geschwindigkeit des Drehfeldes gegen den Rotor ist konstant, die gegen den Stator ist der Schlupffrequenz proportional. Also muß bei der Frequenzänderung das Verhältnis der dem Rotor und dem Stator aufgedrückten Spannungen variiert werden. Es ist also außer dem Haupttransformator T, der die Netzspannung auf die Größe der Schlupfspannung des Rotors des Hauptmotors transformiert, noch ein Erregertransformator T_1 notwendig (Fig. 33), der zwi-

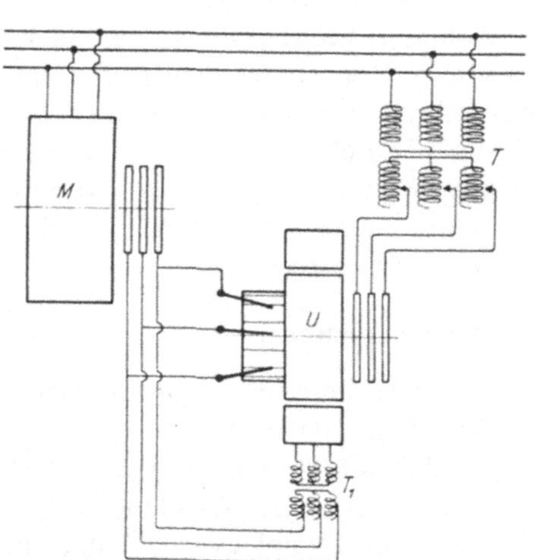

Fig. 33. Asynchronmotor M mit freilaufendem Frequenzumformer U, Regeltransformator T und Erregertransformator T_1. Die Netzspannung speist die Schleifringseite des Umformers.

schen die Bürsten und die Statorwicklung des Umformers geschaltet ist. Ist P die Spannung an den Schleifringen von der Frequenz c und $s\,c$ die Schlupffrequenz, so ist, bei Vernachlässigung des Spannungsabfalls, $s\,P$ die an den Stator anzulegende Spannung, wobei gleiche effektive Windungszahl für Stator und Rotor vorausgesetzt ist. Da auch die Schlupfspannung des Hauptmotors dem Schlupf s proportional ist, können beide Transformatoren zu einem vereinigt werden (Fig. 34), wenn wir die konstante Netzspannung unmittelbar an die Schleifringe anlegen und erst die Spannung zwischen den Bürsten auf den Wert der Schlupfspannung transformieren. Bei dieser Schaltung arbeitet der Umformer ständig mit der vollen, maximalen Transformatorspannung zwischen den Bürstenkanten, er muß sehr reichlich dimensioniert sein. Die Schaltung ist überhaupt nur bei sehr niederer Netzspannung möglich.

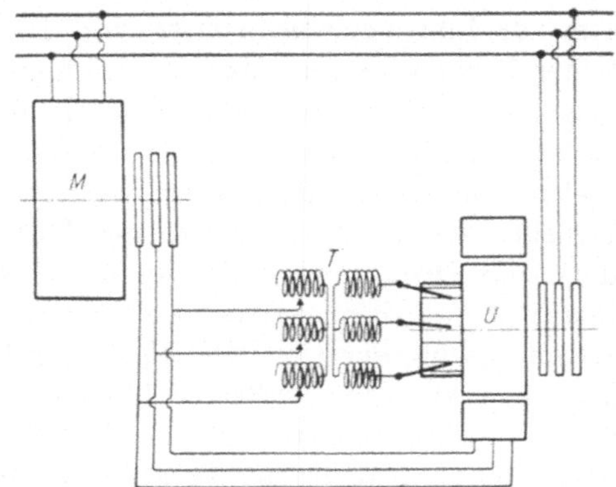

Fig. 34. Asynchronmotor M mit freilaufendem Frequenzumformer U und Regeltransformator T. Die Netzspannung speist die Schleifringseite des Umformers.

3. Pendelerscheinungen beim Lauf des Asynchronmotors und des Umformers.

Es sei nun noch die Frage untersucht, ob bei der Nebenschlußschaltung des Aggregats die Drehzahl des Hauptmotors oder des Umformers im stationären Betrieb Schwingungen um einen Mittelwert ausführen kann, in ähnlicher Weise, wie sie bei der Synchronmaschine auftreten. Wir beschränken uns dabei auf erzwungene Schwingungen, also solche, die nur bestehen können, wenn eine äußere Ursache diese Schwingungen veranlaßt. Eine solche Ursache ist stets vorhanden. Denn wir sahen, daß Widerstand und Reaktanz des Umformers nicht konstant sind, sondern ihren Wert während einer Umformungsperiode ständig ändern. Unter sonst gleichen Umständen entspricht aber bei gegebenem Lastdrehmoment jedem Wert der Impedanz des Umformers eine andere Drehzahl des Hilfs- und des Hauptmotors. Ferner kann das Netz pendeln, so daß die dem Motor elektrisch zugeführte Leistung variiert. Und schließlich kann, infolge der Eigenschaften der vom Motor anzutreibenden Maschine, das Lastdrehmoment periodisch sich ändern. Alle diese Ursachen haben die gleiche Wirkung, daß im allgemeinen die Differenz zwischen dem vom Motor ausgeübten Drehmoment und dem von ihm verlangten nicht Null ist, wenn auch die Mittelwerte beider Drehmomente einander gleich sind. Wenn das vom Motor ausgeübte Drehmoment größer ist als das verlangte, sucht er sich zu beschleunigen so lange, bis infolge der höheren Drehzahl sein Drehmoment so weit gesunken ist, daß es dem verlangten Drehmoment gleich wird. Infolge der Massenträgheit wird aber, solange das Drehmoment des Motors das verlangte nur kurze Zeit überwiegt und dann wieder kleiner wird, dieser neue Gleichgewichtszustand nicht erreicht, die überschüssige dem Motor zugeführte Energie wird zum größten Teil bei der Beschleunigungsarbeit der Massen aufgespeichert. Durch die Massenträgheit wird also die Größe der Variation der Drehzahl wesentlich verkleinert und unschädlich. Kleine Schwingungen dieser Art treten bei jeder elektrischen Maschine auf. Gefährlich werden sie nur dann, wenn die Wirkung der Massenträgheit ganz oder teilweise aufgehoben wird.

Dies ist der Fall, wenn während der Beschleunigungszeit des Motors, durch die Beschleunigung verursacht, ein zusätzliches Drehmoment im Motor auftritt, so daß dieser Zusatz selbst das zur Beschleunigung notwendige Drehmoment liefert. Denn dann kann die Massenträgheit nicht mehr dazu dienen, um die momentane Differenz zwischen dem vom Motor abgegebenen Drehmoment, abzüglich dieses Zusatzes, und dem verlangten Moment aufzunehmen. Während der Verzögerung des Motors muß dieses zusätzliche Drehmoment negativ sein.

Solange der Hauptmotor mit dem Umformer mechanisch gekuppelt ist, ist keine Ursache dieser Art möglich. Das mechanisch gekuppelte Aggregat Hauptmotor-Umformer kann nicht pendeln.

Wenn dagegen der Hauptmotor mit dem Umformer elektrisch gekuppelt ist, so ist, wie wir sahen, der für den Hauptmotor wirksame Bürstenverstellwinkel ϱ nicht von vornherein gegeben, er wird vielmehr durch die elektrischen Eigenschaften des Aggregats bestimmt. Im stationären pendelfreien Zustand ist dieser Winkel konstant, wenn der Hauptmotor aber pendelt, nicht mehr. Wir nehmen zunächst an, daß Umformer und Hilfsmotor mit streng konstanter Drehzahl laufen. Wenn die Drehzahl des Hauptmotors pendelt, läuft er zeitweise schneller und zeitweise langsamer als der Hilfsmotor. Solange er schneller läuft, wird sein Bürstenverstellwinkel ϱ kleiner, andernfalls größer (vgl. S. 85). Es bezeichne im folgenden:

ω die synchrone Winkelgeschwindigkeit im 2poligen Schema,
Ω den Momentanwert der Winkelgeschwindigkeit des Rotors des Hauptmotors im 2poligen Schema,
Ω_m deren Mittelwert.

Der Mittelwert der räumlichen Winkelgeschwindigkeit ist also $\frac{\Omega_m}{p}$.

Die gleichen Buchstaben mit dem Index H gelten für den Hilfsmotor. Wir nehmen ferner an, daß Hauptmotor und Hilfsmotor gleiche Polzahl $2p$ haben.

Gehen wir aus von einer Winkelbeschleunigung $\frac{d\Omega}{dt}$ des Hauptmotors, die sinusförmig verläuft, so ist der Wert $\Omega - \Omega_m$ ebenfalls sinusförmig und eilt $\frac{d\Omega}{dt}$ um 90^0 nach. Der Winkel ϱ wird kleiner, solange $\Omega - \Omega_m$ positiv ist. Bezeichnet ϱ_m den Mittelwert, um den ϱ während des Pendelns schwingt, so ist demnach $\varrho - \varrho_m = -\int(\Omega - \Omega_m)dt$ und eilt $\Omega - \Omega_m$ um 90^0 vor, ist also in Phase mit $\frac{d\Omega}{dt}$.

Wenn aber bei gegebener Drehzahl der Winkel ϱ größer wird, steigt das Drehmoment des Hauptmotors (vgl. S. 85). ϱ liegt über dem Mittelwert, solange $\frac{d\Omega}{dt}$ positiv ist, solange die rotierenden Massen des Hauptmotors Energie aufnehmen. Während der gleichen Zeit liegt also, als Folge der Beschleunigung, die vom Motor abgegebene Leistung über dem Mittelwert, der Überschuß dient dazu, um die Beschleunigungsarbeit der Massen teilweise oder ganz zu decken. Im letzteren Fall arbeitet der Motor so, als ob sein Bürstenwinkel konstant, zugleich aber seine Masse gleich Null sei. Jede Differenz zwischen dem bei dem Winkel ϱ_m ausgeübten und dem bei der augenblicklichen Drehzahl verlangten Drehmoment bewirkt eine Änderung der Drehzahl von solchem Betrag, daß die beiden Drehmomente entgegengesetzt gleich werden. Es tritt Resonanz zwischen aufgeprägter und Eigenschwingung auf, der Betrieb kann unmöglich werden.

Wir lassen nun noch die bisherige Annahme fallen, daß der Umformer pendelfrei laufe, beschränken uns aber in den folgenden Untersuchungen auf den Fall, daß das Pendeln des Hauptmotors durch periodische Änderung des Drehmoments der angetriebenen Maschine veranlaßt wird. Ob auch der Hilfsmotor pendelt, hängt vom Wert der Impedanz des Umformers ab. Denn der Hilfsmotor, der mit dem Umformer direkt gekuppelt ist, kann für sich allein nicht pendeln. Ein Pendeln ist nur möglich, wenn die Schwingung vom Hauptmotor eingeleitet wird. Der Hauptmotor kann aber nur dann auf das Verhalten des Hilfsmotors einwirken, wenn die Impedanz des Umformers von Null verschieden ist (vgl. S. 76). In diesem Fall erzeugt der Rotorstrom des Hauptmotors, der über den Umformer fließt und bei pendelndem Hauptmotor seinen Effektivwert periodisch ändert, in ihm einen Spannungsabfall von periodisch wechselndem Effektivwert, wodurch der Anlaß zum Pendeln des Hilfsmotors gegeben sein kann.

Auch wenn Hilfsmotor und Umformer pendeln, ist für sie doch der Bürstenverstellwinkel ϱ_1 eine konstante Größe. Denn sein Wert ist von der momentanen Lage der Rotoren unabhängig (vgl. S. 78). Würden nun Hauptmotor und Hilfsmotor derart im Takt miteinander pendeln, daß sich die gegenseitige Lage beider Rotoren nicht ändert, so wäre auch der für den Hauptmotor wirksame Bürstenverstellwinkel ϱ konstant, es entfiele die Bedingung für die Möglichkeit der betrachteten Schwingungen. Wenn also Hauptmotor und Umformer gleichzeitig pendeln, muß sich dabei die gegenseitige Lage beider Rotoren ständig ändern. Der momentane Wert von ϱ ist gegeben durch die Abweichung des Rotors des Hauptmotors gegenüber der momentanen Lage des Rotors des Hilfsmotors. Bezeichnet wieder ϱ_m den Mittelwert, um den ϱ während des Pendelns schwingt, so gilt

$$\varrho - \varrho_m = -\int (\Omega - \Omega_H)\, dt.$$

Läuft der Hilfsmotor pendelfrei, so ist $\Omega_H = \Omega_m$.

Bei der mathematischen Behandlung des Problems beschränken wir uns auf kleine Änderungen von ϱ. Während des Pendelns des Hauptmotors ändern sich seine Drehzahl und der Wert seines Bürstenverstellwinkels; beide Änderungen beeinflussen den Wert des vom Hauptmotor ausgeübten Drehmoments. Wir berechnen aber zunächst nur die Variation des Drehmoments, herrührend von der Änderung des Bürstenverstellwinkels, und nehmen dabei die Drehzahl als konstant an. Den Einfluß der Änderung der Drehzahl führen wir getrennt ein. Wir rechnen ferner nach den Gesetzen, die für den stationären Wechselstrom gelten, und machen damit die Annahme, daß die Dauer einer Pendelschwingung groß sei gegenüber der Dauer einer Periode des Rotorstromes. Für die Impedanz des Umformers setzen wir konstanten Wert ein. Wir vernachlässigen ferner wieder den Spannungsabfall, den der Rotorstrom des Hilfsmotors im Umformer verursacht; der Hilfsmotor kann also bei gegebener Frequenz der Sekundärspannung des Umformers auf den Hauptmotor nur dadurch einwirken, daß er die Größe des

Winkels ϱ beeinflußt. Wir bestimmen nun für den Hauptmotor bei gegebener Drehzahl den Zusammenhang zwischen Drehmoment und Winkel ϱ, ohne Rücksicht auf den Hilfsmotor.

Die vom Stator des Hauptmotors auf das Drehfeld übertragene Leistung, die, unabhängig von der Drehzahl des Motors, dem ausgeübten Drehmoment proportional ist, ist

$$W_a = E_1 J_c \cos \sphericalangle (\mathfrak{E}_1/\mathfrak{J}_c).$$

Nach Gl. 42 ist

$$\mathfrak{E}_1 = \frac{\mathfrak{P}_1 - \mathfrak{J}_c \mathfrak{Z}_1}{\mathfrak{C}}$$

und nach Gl. 53 ist

$$\mathfrak{J}_c = \mathfrak{P}_1 \frac{s - \frac{P_2'}{P_1} e^{j\varrho} \mathfrak{C}}{(\mathfrak{Z}_2' + \mathfrak{Z}_3')\mathfrak{C} + s\,\mathfrak{Z}_1}.$$

Wir setzen im folgenden $\mathfrak{C} = 1$, vernachlässigen also den Spannungsabfall des Magnetisierungsstromes im Stator. Es sei

$$\frac{1}{\mathfrak{Z}_2' + \mathfrak{Z}_3' + s\,\mathfrak{Z}_1} = \frac{1}{Z} e^{j\psi}$$

Entsprechend dem Wert von $\mathfrak{E}_1$, Gl. 42, setzt sich der Ausdruck für W_a aus zwei Teilen zusammen. Der erste ist

$$P_1 J_c \cos \sphericalangle (\mathfrak{P}_1/\mathfrak{J}_c) = P_1^2 \frac{s}{Z} \cos\psi - P_1^2 \frac{P_2'}{P_1 Z} \cos(\psi + \varrho).$$

Der zweite ist

$$- J_c Z_1 J_c \cos \sphericalangle (\mathfrak{J}_c \mathfrak{Z}_1/\mathfrak{J}_c) = - J_c^2 r_1.$$

Also ist

$$W_a = P_1^2 \frac{s}{Z} \cos\psi - P_1^2 \frac{P_2'}{P_1 Z} \cos(\psi + \varrho) - J_c^2 r_1 \quad . \quad . \quad (55)$$

Vernachlässigen wir vorübergehend $J_c^2 r_1$, so erkennen wir, daß für $\psi = 0$, d. h. wenn die Reaktanz $x_2' + x_3' + s x_1 = 0$ ist, das Drehmoment des Motors für gegebene Drehzahl seinen höchsten Wert bei $\varrho = 180^0$ erreicht.

Bei konstantem Wert von s wird nun

$$\frac{\partial W_a}{\partial \varrho} = P_1^2 \frac{P_2'}{P_1 Z} \sin(\psi + \varrho) - 2 J_c r_1 \frac{\partial J_c}{\partial \varrho}.$$

Es ist

$$J_c = \frac{P_1}{Z} \sqrt{s^2 + \left(\frac{P_2'}{P_1}\right)^2 - 2 s \frac{P_2'}{P_1} \cos\varrho}$$

$$J_e \frac{\partial J_e}{\partial \varrho} = \left(\frac{P_1}{Z}\right)^2 s \frac{P_2'}{P_1} \sin \varrho$$

$$\frac{\partial W_a}{\partial \varrho} = P_1^2 \frac{P_2'}{P_1 Z} \sin(\psi + \varrho) - \left(\frac{P_1}{Z}\right)^2 2 r_1 \frac{s P_2'}{P_1} \sin \varrho .$$

Da die Rechnung nur für sehr kleine Änderungen von ϱ gelten soll, setzen wir $\varrho = \varrho_m$. Damit geht der letzte Ausdruck über in:

$$\frac{\partial W_a}{\partial \varrho} = \text{konstant} = P_1^2 \frac{P_2'}{P_1 Z} \sin(\psi + \varrho_m) - \left(\frac{P_1}{Z}\right)^2 2 r_1 \frac{s P_2'}{P_1} \sin \varrho_m .$$

Bedeutet nun $p \frac{W_{am}}{\omega}$ das vom Motor beim Winkel ϱ_m ausgeübte Drehmoment, $p \frac{W_a}{\omega}$ das Drehmoment beim Winkel ϱ, so wird

$$p \frac{W_a - W_{am}}{\omega} = S(\varrho - \varrho_m) = -S \int (\Omega - \Omega_H)\, dt, \quad . \quad . \ (56)$$

wobei

$$S = \frac{p P_1^2}{\omega} \frac{P_2'}{P_1 Z} \left[\sin(\psi + \varrho_m) - 2 \frac{r_1}{Z} s \sin \varrho_m\right].$$

Wir konnten bisher die Drehzahl des Motors als konstant annehmen, da die Änderung des Drehmomentes in Funktion von ϱ durch die gleichzeitige Änderung der Drehzahl kaum beeinflußt wird. In geringem Maß muß aber während des Pendelns die Drehzahl sich ändern, und dies bedingt, auch bei konstantem Wert von ϱ, eine weitere Änderung des Drehmomentes des Motors. Soweit die Änderung von ϱ bewirkt wird, erreicht das Drehmoment seinen höchsten Wert, wenn die Drehzahl gerade gleich dem Mittelwert ist. Der Größe $\frac{\partial W_a}{\partial \varrho}$ entspricht also die „synchronisierende Kraft“ bei der pendelnden Synchronmaschine. Soweit dagegen die Änderung des Drehmoments durch die Änderung der Drehzahl bewirkt wird, erreicht das Drehmoment seinen größten Wert bei der kleinsten Drehzahl, das gleiche gilt bei der Synchronmaschine für die „Dämpfung“.

Es interessiert uns hier hauptsächlich die Frage, unter welchen Umständen Resonanz zwischen aufgeprägter Schwingung und Eigenschwingung des Motors auftritt. Auf diese Frage ist die Größe der Dämpfung ohne Einfluß. Wir unterlassen es deshalb, die Abhängigkeit des Drehmoments von der Drehzahl näher zu bestimmen und setzen das Drehmoment der Dämpfung der Abweichung der Drehzahl vom Mittelwert proportional gleich

$$D(\Omega_m - \Omega) \quad . \ . \ . \ . \ . \ . \ . \ . \ . \ (57)$$

Im Gegensatz zur Synchronmaschine ist es unmöglich, zur Erhöhung der Dämpfung besondere, in sich kurzgeschlossene Wicklungen von geringem Widerstand anzuordnen, da die Maschine im normalen Betrieb stark asynchron arbeitet.

Dadurch, daß wir auf die Größe der Dämpfung nicht näher eingehen, beschränken wir uns noch einmal prinzipiell auf erzwungene Schwingungen, deren Frequenz stets gegeben ist durch die Frequenz des äußeren Taktgebers. Möglich ist an sich auch eine zweite Art von Schwingungen, die der freien Schwingungen. Sie bedürfen zu ihrem Entstehen auch eines geringen Anstoßes, ihre Frequenz und der weitere Verlauf der Schwingung, ob sich überhaupt eine Schwingung mit konstanter Amplitude einstellt oder ob diese ständig anwächst, hängt nur ab von den Eigenschaften der schwingenden Maschine, und zwar im wesentlichen von der Art der Dämpfung. Diese Art von Schwingungen soll hier nicht untersucht werden.

Der variable Teil des von der angetriebenen Maschine verlangten Drehmoments variiert periodisch mit der Stellung des rotierenden Teils, d. h. in Funktion der Zeit. Diese Funktion muß bekannt sein. Wir zerlegen sie in ihre Einzelwellen. Der resultierende Schwingungszustand des Motors in einem beliebigen Augenblick ergibt sich durch Überlagerung der durch die einzelnen Wellen der Drehmomentkurve erzwungenen Schwingungen. Der Momentanwert der ν^{ten} Oberwelle des Lastdrehmoments sei gegeben durch den Ausdruck

$$\vartheta_\nu \sin\left(\nu \frac{\Omega_m}{p} t + \psi_\nu\right).$$

Ist J das Trägheitsmoment des rotierenden Teils von Hauptmotor und angetriebener Maschine, so ist das zu einer Beschleunigung $\frac{d\left(\frac{\Omega}{p}\right)}{dt}$ nötige Drehmoment gleich $\frac{J}{p}\frac{d\Omega}{dt}$.

Da nun die konstanten Teile des an der Motorwelle abgegebenen Drehmoments und des Lastdrehmoments entgegengesetzt gleich sind, müssen auch die variablen Teile in jedem Augenblick entgegengesetzt gleich sein. Daraus folgt die Pendelgleichung für den Hauptmotor:

$$\sum_1^\nu \vartheta_\nu \sin\left(\nu \frac{\Omega_m}{p} t + \psi_\nu\right) + \frac{J}{p}\frac{d\Omega}{dt} + D(\Omega - \Omega_m) + S\int(\Omega - \Omega_H)\,dt = 0.$$

Durch Differenzieren folgt:

$$-\sum_1^{\nu} \nu \frac{\Omega_m}{p} \vartheta_\nu \cos\left(\nu \frac{\Omega_m}{p} t + \psi_\nu\right)$$

$$= \frac{J}{p} \frac{d^2(\Omega - \Omega_m)}{dt^2} + D \frac{d(\Omega - \Omega_m)}{dt} + S(\Omega - \Omega_H) \quad . \; . \; . \quad (58)$$

Wir gehen nun dazu über, die Pendelgleichung für den Hilfsmotor aufzustellen. Ist die Impedanz des Umformers von Null verschieden, so muß sich bei einer Änderung des Winkels ϱ infolge der dadurch beeinflußten Stromaufnahme des Rotors des Hauptmotors auch das Drehmoment des Hilfsmotors ändern. Die Abhängigkeit dieses Drehmoments vom Winkel ϱ ist also zu bestimmen, wobei die gleichen Vernachlässigungen wie bisher gelten sollen.

Es ist (Gl. 48):

$$W_{aH} = E_{1H} J_{cH} \cos \sphericalangle (\mathfrak{E}_{1H} / \mathfrak{J}_{cH}).$$

Nach Gl. 46 ist ($\mathfrak{C}_H = 1$)

$$\mathfrak{E}_{1H} = \mathfrak{P}_1 - \mathfrak{J}_{cH} \mathfrak{Z}_{1H}$$

und nach Gl. 54:

$$\mathfrak{J}_{cH} = \frac{1}{\mathfrak{Z}'_{2H} + \mathfrak{Z}'_3 + s\,\mathfrak{Z}_{1H}} \Bigg[s\,\mathfrak{P}_1 + \mathfrak{P}_1 \frac{P_2'}{P_1} e^{j\varrho_1} \left(\frac{\mathfrak{Z}_3'}{\mathfrak{Z}_2' + \mathfrak{Z}_3' + s\,\mathfrak{Z}_1} - 1 \right)$$

$$- \frac{s\,\mathfrak{P}_1\, \mathfrak{Z}_3'}{\mathfrak{Z}_2' + \mathfrak{Z}'_3 + s\,\mathfrak{Z}_1} e^{j\beta} \Bigg].$$

Wir setzen

$$\frac{1}{\mathfrak{Z}'_{2H} + \mathfrak{Z}_3' + s\,\mathfrak{Z}_{1H}} = \frac{1}{Z_H} e^{j\psi_H} \quad \text{und} \quad \frac{\mathfrak{Z}_3'}{\mathfrak{Z}_2' + \mathfrak{Z}_3' + s\,\mathfrak{Z}_1} = \frac{Z_3}{Z} e^{j\psi_I}.$$

Es wird nun $W_{aH} = P_1 J_{cH} \cos \sphericalangle (\mathfrak{P}_1 / \mathfrak{J}_{cH}) - J^2_{cH} r_{1H}$. r_{1H} ist der Statorwiderstand des Hilfsmotors pro Phase.

Das Glied $J^2_{cH} r_{1H}$ vernachlässigen wir in der weiteren Rechnung. Damit wird

$$\frac{\partial W_{aH}}{\partial \varrho} = P_1 \frac{\partial}{\partial \varrho} [J_{cH} \cos \sphericalangle (\mathfrak{P}_1 / \mathfrak{J}_{cH})].$$

Aus Gl. 54 folgt

$$\frac{\partial \mathfrak{J}_{cH}}{\partial \varrho} = -\frac{1}{Z_H} e^{j\psi_H} \frac{Z_3}{Z} e^{j\psi_I} s\,\mathfrak{P}_1 \frac{\partial}{\partial \varrho} (e^{j\beta}).$$

$$\frac{\partial}{\partial \varrho} (e^{j\beta}) = e^{j\left(\beta + \frac{\pi}{2}\right)} \frac{\partial \beta}{\partial \varrho} = -e^{j\left(\beta + \frac{\pi}{2}\right)}.$$

Also wird $\frac{\partial \mathfrak{J}_{cH}}{\partial \varrho} = + \frac{Z_3 s \mathfrak{P}_1}{Z_H Z} e^{j\left(\psi_H + \psi_I + \beta + \frac{\pi}{2}\right)}$

und $$\frac{\partial W_{aH}}{\partial \varrho} = P_1^2 \frac{s Z_3}{Z_H Z} \cos\left(\psi_H + \psi_I + \beta + \frac{\pi}{2}\right).$$

Nun ist $\beta = \varrho_1 - \varrho$. Wir setzen wieder $\varrho = \varrho_m$.

Also ist

$$\frac{\partial W_{aH}}{\partial \varrho} = \text{konstant}$$

$$= P_1^2 \frac{s Z_3}{Z_H Z} \cos\left(\psi_H + \psi_I + \frac{\pi}{2} + \varrho_1 - \varrho_m\right) = S_H \frac{\omega}{p} \quad . \quad . \quad . \quad (59)$$

Bedeutet $p \frac{W_{aH}}{\omega}$ das Drehmoment des Hilfsmotors beim Winkel ϱ

und $p \frac{W_{aHm}}{\omega}$ das Drehmoment beim Winkel ϱ_m,

so wird

$$p \frac{W_{aH} - W_{aHm}}{\omega} = S_H(\varrho - \varrho_m) = - S_H \int (\Omega - \Omega_H)\, dt.$$

Bei kleinem Wert von $\varrho_1 - \varrho_m$ liegt der Winkel $\psi_H + \psi_I + \frac{\pi}{2} + \varrho_1 - \varrho_m$ zwischen 90^0 und 270^0, S_H ist also negativ bei positivem s. Läuft der Umformer stark übersynchron, so wird der Winkel $\psi_H + \psi_I$ negativ, S_H ist wieder negativ. Wenn ϱ größer wird, wenn also das Drehmoment des Hauptmotors ansteigt, sinkt das Drehmoment des Hilfsmotors.

Über die bei einer Änderung der Drehzahl auftretende Dämpfung gilt das gleiche wie beim Hauptmotor. Wir setzen wieder das Drehmoment der Dämpfung des Hilfsmotors der Differenz zwischen mittlerer und momentaner Winkelgeschwindigkeit proportional gleich

$$D_H(\Omega_m - \Omega_H) \quad . \quad . \quad . \quad . \quad . \quad . \quad . \quad . \quad (60)$$

Das Trägheitsmoment der Rotoren von Hilfsmotor und Umformer sei J_H. Das Lastdrehmoment ist konstant. Die Pendelgleichung für den Hilfsmotor lautet also:

$$\left.\begin{aligned} 0 &= \frac{J_H}{p} \frac{d\Omega_H}{dt} + D_H(\Omega_H - \Omega_m) + S_H \int (\Omega - \Omega_H)\, dt \\ 0 &= \frac{J_H}{p} \frac{d^2(\Omega_H - \Omega_m)}{dt^2} + D_H \frac{d}{dt}(\Omega_H - \Omega_m) + S_H(\Omega - \Omega_H) \end{aligned}\right\} (61)$$

Die Gl. 61 gibt uns die Beziehung zwischen momentaner Winkelgeschwindigkeit des Hauptmotors und des Hilfsmotors. $\Omega - \Omega_H$

verläuft jedenfalls nach einer periodischen Funktion, die wir in ihre Einzelwellen auflösen können. Die folgende Überlegung gilt für jede der einzelnen Wellen. Die resultierende Schwingung ergibt sich wieder als Überlagerung der einzelnen Schwingungen. Die Schwingungen des Lastdrehmoments des Hauptmotors wiederholen sich periodisch nach einer Zeit $p\frac{2\pi}{\Omega_m}$. Es muß also auch die relative Winkelgeschwindigkeit des Hauptmotors gegen den Hilfsmotor mit der Frequenz $\frac{1}{p}\frac{\Omega_m}{2\pi}$ oder einem Vielfachen davon sich ändern.

Die ν^{te} Oberwelle der Funktion $\Omega - \Omega_H$ ist also gegeben durch den Ausdruck

$$\bar{A}_\nu \sin\left(\nu\frac{\Omega_m t}{p} - \varphi_\nu\right) \quad . \; . \; . \; . \; . \; . \; . \quad (62)$$

$\bar{A}_\nu$ und φ_ν sind zunächst nicht bekannt. Für diese Oberwelle kann Gl. 61 nur erfüllt sein, wenn auch die Funktion $\Omega_H - \Omega_m$ eine sinusförmig verlaufende ν^{te} Oberwelle hat, die gegeben ist durch

$$\bar{B}_\nu \sin\left(\nu\frac{\Omega_m}{p} t - \varphi_{\nu H}\right) \quad . \; . \; . \; . \; . \; . \; . \quad (63)$$

Vernachlässigen wir zunächst die Dämpfung, so ergibt sich, wenn wir Gl. 62 und 63 in Gl. 61 einsetzen

$$\varphi_\nu = \varphi_{\nu H}$$

$$\bar{B}_\nu = \frac{S_H p\, p^2}{J_H \nu^2 \Omega_m^2} \bar{A}_\nu .$$

S_H ist nach Definition die Änderung des Drehmoments des Hilfsmotors, dividiert durch die Änderung des Winkels ϱ.

Wirkt auf den Rotor vom Trägheitsmoment J_H das Drehmoment S_H, so wird er sich von 0 auf die Winkelgeschwindigkeit $\frac{\Omega_m}{p}$ in $\frac{J_H}{S_H}\frac{\Omega_m}{p} = T$ Sekunden beschleunigen.

Der Quotient $\frac{\frac{1}{2}J_H\Omega_m^2}{S_H p^2}$ ist also gleich $\frac{T\Omega_m}{2p}$, das heißt, gleich dem Winkel, den der Rotor während des Anlaufs zurücklegt. In den hier untersuchten Schaltungen arbeitet der Frequenzumformer stets mit einer Drehzahl, die in der Nähe der synchronen liegt, da seine Anwendung nur dann einen Vorteil gegenüber dem Kommutatormotor bietet (S. 74). Es ist also der genannte Winkel wohl immer viel größer als 1, im Bogenmaß gemessen. Also ist der

Quotient $\frac{\overline{B}_1}{\overline{A}_1}$, das Verhältnis der Amplituden der Grundwellen von $\Omega_H - \Omega_m$ und $\Omega - \Omega_H$, wesentlich kleiner als 1. Je höher die Ordnung der betrachteten Oberwelle ist, desto kleiner wird der Quotient $\frac{\overline{B}_\nu}{\overline{A}_\nu}$. Wenn also auch der Hauptmotor stark gegen den Hilfsmotor pendelt, weicht die Drehzahl des Hilfsmotors kaum von ihrem Mittelwert ab. Je kleiner das Trägheitsmoment des Hilfsmotors ist, desto eher kann er aber durch den Hauptmotor in Schwingungen versetzt werden. Da S_H negativ ist, ist $\frac{\overline{B}_\nu}{\overline{A}_\nu}$ negativ, die einzelnen Wellen von $\Omega - \Omega_H$ sind um 180^0 phasenverschoben gegen die entsprechenden Wellen von $\Omega_H - \Omega_m$. Bei Berücksichtigung der Dämpfung ändert sich dieser Winkel und der Wert $\frac{\overline{B}_\nu}{\overline{A}_\nu}$.

Es wird

$$\frac{\overline{B}_\nu}{\overline{A}_\nu} = \frac{S_H p}{\nu \frac{\Omega_m}{p} \sqrt{p^2 D_H^2 + \nu^2 \frac{\Omega_m^2}{p^2} J_H^2}}$$

und der Winkel der Phasenverschiebung zwischen entsprechenden Wellen wird:

$$\varphi_{\nu H} - \varphi_\nu = \arccos\left(\frac{J_H \nu \frac{\Omega_m}{p}}{\sqrt{p^2 D_H^2 + \nu^2 \frac{\Omega_m^2}{p^2} J_H^2}}\right).$$

Bei Berücksichtigung der Dämpfung wird der Quotient $\frac{\overline{B}_\nu}{\overline{A}_\nu}$ also noch kleiner, der Hilfsmotor läuft stets annähernd pendelfrei, solange die Schwingungen des Hauptmotors durch die Variation des Lastdrehmoments erzwungen werden. Wir dürfen also in Gl. 58 $\Omega_H = \Omega_m$ setzen, damit ist das Verhalten des Hauptmotors beim Pendeln durch diese Gleichung eindeutig bestimmt. Die Gleichung ist in ihrer Form vollkommen identisch mit der Pendelgleichung der Synchronmaschine.

Überblick über die Resultate des Kapitels 3.

Die Frage, ob die Drehzahl des Hauptmotors und die des Umformers im stationären Zustand Schwingungen um einen konstanten Mittelwert ausführen können, wird durch die gleichen Faktoren entschieden, die auch das Verhalten der Maschine im pendelfreien Zustand bestimmen. Solange Hauptmotor und Umformer starr gekuppelt sind, sind Schwingungen der betrachteten Art, bei denen der dämpfende Einfluß der Trägheit der rotierenden Massen ganz oder teilweise aufgehoben wird, unmöglich. Wohl aber können sie auftreten, wenn die Rotoren von Hauptmotor und Umformer die Möglichkeit haben, sich gegeneinander zu bewegen. Das Verhalten des Hilfsmotors, der den Umformer in dem Fall antreibt, hängt davon ab, ob der Rotorstrom des Hauptmotors die Drehzahl des Hilfsmotors beeinflussen kann oder nicht. Wenn er es kann, muß bei pendelndem Hauptmotor auch der Hilfsmotor pendeln, andernfalls läuft er pendelfrei. Solange aber die Schwingungen durch Variation des vom Hauptmotor verlangten Drehmoments verursacht werden, sind die Schwingungen des Hilfsmotors stets wesentlich kleiner als die des Hauptmotors.

Verzeichnis der häufig verwendeten Abkürzungen.

(Die angegebenen Seitenzahlen bezeichnen die Stellen, an denen die betr. Größen genau definiert sind.)

Allgemein bezeichnet bei sinusförmigen Größen ein großer lateinischer Buchstabe den Effektivwert, der gleiche Buchstabe mit darüber gesetztem Strich den Maximalwert, ein kleiner lateinischer Buchstabe den Momentanwert; ein großer deutscher Buchstabe bezeichnet den Vektor.

a = Zahl der parallelen Stromringe im Rotor.

$\bar{A}_\nu$ = $(\Omega - \Omega_H)_\nu$ (S. 98).

b = Ordnungszahl der einzelnen Zeitelemente einer Gruppe (S. 32).

$\bar{B}_\nu$ = $(\Omega_H - \Omega_m)_\nu$ (S. 98).

c = Netzfrequenz (S. 62 u. S. 68).

c_r = Frequenz der Rotation des Umformers im 2 poligen Schema.

c_s = sc = transformierte Frequenz (I, 8, S. 62).
= Schlupffrequenz des Asynchronmotors (II, S. 68).

c_1 = Frequenz auf der Schleifringseite.

c_2 = Frequenz auf der Kommutatorseite.

$\mathfrak{C}$ = $1 + \frac{\mathfrak{Z}_1}{\mathfrak{Z}_a}$.

D = Konstante der Dämpfung (S. 94).

D_H = „ „ „ (S. 97).

E_t = vom Hauptfeld induzierte EMK einer Spule (S. 27).

E_w = durch Rotation im Nebenschlußwendefeld induzierte EMK einer Spule (S. 26).

$\Delta e_{s_1 s_2}$ = Momentanwert des Abfalls der zwischen den Punkten $s_1\, s_2$ induzierten EMK (S. 45).

$\Delta e_{b_1 b_2}$ = Momentanwert des Abfalls der zwischen den Punkten $b_1\, b_2$ induzierten EMK (S. 46).

$-\mathfrak{E}_1$ = im Stator des Hauptmotors vom Drehfeld induzierte EMK.

H als Index = die betr. Größe bezieht sich auf den Hilfsmotor.

J = Trägheitsmoment (S. 95).

J_H = „ (S. 97).

J = Strom.

J_{bI}, J_{bII}, J_{bIII} = Rotorströme des Umformers (Arbeitsströme), über den Kommutator zugeführt.

J_{b1}, J_{b2}, J_{b3} = über den Kommutator fließende verkettete Arbeitsströme.

J_{sI}, J_{sII}, J_{sIII} = Rotorströme des Umformers (Arbeitsströme), über die Schleifringe zugeführt.

J_{s1}, J_{s2}, J_{s3} = über die Schleifringe fließende, verkettete Arbeitsströme.

J_{eI}, J_{eII}, J_{eIII} = Magnetisierungsströme des Umformers pro Phase.

$\mathfrak{J}_a$ = Magnetisierungsstrom des Hauptmotors.

$\mathfrak{J}_1$ = Gesamter Statorstrom des Hauptmotors.

$\mathfrak{J}_c$ = $\mathfrak{J}_1 - \mathfrak{J}_a$.

$\mathfrak{J}_2'$ = reduzierter Rotorstrom des Hauptmotors (S. 80).

$l_i \lambda_n$ = Mittelwert der Zahl der Verkettungen zwischen einem Stab einer Nut und dem Streufluß, den ein in der Nut fließender Strom von 1 Amp. erregt.

l u. $m = \dfrac{\text{Gesamter Strom}}{\text{Arbeitsstrom}}$ (S. 36).

n = Zahl der Umdrehungen des Rotors während einer Umformungsperiode (I. Kap. 6, S. 31).

n = Synchrone Drehzahl des Hauptmotors (II. Teil).

n_r = Drehzahl des Umformers (S. 1 u. S. 68).

n_s = geschlüpfte Drehzahl des Hauptmotors (S. 68).

n_1 = Drehzahl des Feldes relativ zum Rotor des Umformers (S. 1).

n_2 = Drehzahl des Feldes im Raum (S. 1).

N = Stabzahl des Rotors des Umformers.

$2p$ = Polzahl.

P = Spannung zwischen zwei Schleifringen = Spannung zwischen zwei Kommutatorbürsten (S. 5).

$\mathfrak{P}_1$ = Netzspannung (S. 79).

$\mathfrak{P}_2$ = Primärspannung des Umformers.

$\mathfrak{P}_2'$ = reduzierte Primärspannung des Umformers (S. 79).

$\Delta p_{b_1 b_2}$ = Momentanwert des Abfalls der Klemmenspannung zwischen den Punkten $b_1 b_2$ (S. 47).

R = Widerstand einer Phase des Rotors des Umformers.

r = Widerstand eines Rotorstabes des Umformers.

S = Koeffizient der Streuinduktion (S. 53).

S_{bs} = Koeffizient der Streuinduktion zwischen den Punkten b u. s (S. 56).

S_k = Koeffizient der Induktion, bewirkt durch die Stromwendung (S. 58).

S = Vgl. Formel 56 (S. 94).

S_H = „ „ 59 (S. 97).

s $= \frac{c_s}{c} = \frac{\omega_s}{\omega} = \frac{n_s}{n}$ = Schlüpfung des Hauptmotors (S. 68).

s_n = Zahl der Stäbe pro Nut.

t = Zeit.

T = Dauer einer Umformungsperiode (S. 14 u. S. 31).

V = Mittelwert des Stromwärmeverlusts im Rotor des Umformers (S. 35).

v = Mittelwert des Stromwärmeverlusts in einem Stab des Rotors (S. 33).

v_t = Mittelwert des Stromwärmeverlusts in einem Stab des Rotors während aller Zeitelemente einer Gruppe (S. 32).

$v_{t,b}$ = Momentanwert des Stromwärmeverlusts in einem Stab des Umformers während des b. Zeitelementes einer Gruppe (S. 32).

W_a = vom Stator des Hauptmotors auf das Drehfeld übertragene Leistung pro Phase (S. 80).

$\mathfrak{Z}_1$ = Kurzschlußimpedanz des Stators des Hauptmotors.

$\mathfrak{Z}_a$ = Leerlaufimpedanz „ „ „ „

$\mathfrak{Z}_2'$ = reduzierte Kurzschlußimpedanz des Rotors des Hauptmotors.

$\mathfrak{Z}_3'$ = reduzierte Kurzschlußimpedanz des Rotors des Umformers und des Transformators.

Z = Nutenzahl des Rotors des Umformers.

$$\frac{1}{Z} e^{j\psi} = \frac{1}{\mathfrak{Z}_2' + \mathfrak{Z}_3' + s\mathfrak{Z}_1}.$$

$$\frac{1}{Z_H} e^{j\psi_H} = \frac{1}{\mathfrak{Z}_{2H}' + \mathfrak{Z}_3' + s\mathfrak{Z}_{1H}}.$$

$$\frac{Z_3}{Z} e^{j\psi_I} = \frac{\mathfrak{Z}_3'}{\mathfrak{Z}_2' + \mathfrak{Z}_3' + s\mathfrak{Z}_1}.$$

α = Vgl. Formel 4 (S. 5).

β = Vgl. Formel 7 (I. Teil, S. 9).

β = $\varrho_1 - \varrho$ (II. Teil, S. 80).

γ = Winkel zwischen einer Anzapfung und dem betrachteten Stab (S. 30).

ε $= \frac{2\pi}{3} \frac{\omega_1}{\omega_r}$.

ζ $= \frac{2\pi}{3} \frac{\omega_2}{\omega_r}$.

ϑ = Maximalwert des variablen Teils des Lastdrehmoments (S. 95).

λ = Winkel der Phasenverschiebung zwischen gesamtem Schleifringstrom und Arbeitsstrom (S. 36).

μ = Winkel der Phasenverschiebung zwischen gesamtem Kommutatorstrom und Arbeitsstrom (S. 36).

μ = Ordnungszahl eines vom Schleifringstrom erregten Oberfeldes (S. 21).

ν = Ordnungszahl eines vom Kommutatorstrom erregten Oberfeldes (S. 21).

ν = Ordnungszahl einer Oberwelle (S. 95).

ϱ = wirksamer Verschiebungswinkel der Bürsten des Umformers mit Hinsicht auf den Hauptmotor (S. 80).

ϱ_1 = wirksamer Verschiebungswinkel der Bürsten mit Hinsicht auf den Hilfsmotor (S. 80).

ϱ_m = Mittelwert von ϱ bei pendelndem Hauptmotor.

ψ, ψ_H, ψ_I vgl. Z.

ω = Kreisfrequenz des Netzes (S. 68).

ω_r = Winkelgeschwindigkeit der Rotation im 2poligen Schema (S. 6).

ω_s = Kreisfrequenz des Schlupfes (S. 68).

ω_1 = Winkelgeschwindigkeit des Feldes relativ zum Rotor des Umformers (S. 5).

ω_2 = Winkelgeschwindigkeit des Feldes im Raum (S. 6).

Ω = Momentanwert der Winkelgeschwindigkeit des Rotors des Hauptmotors im 2poligen Schema.

Ω_m = Mittelwert der Winkelgeschwindigkeit des Rotors des Hauptmotors im 2poligen Schema.
